青少图解版

DeepSeek
带你玩儿转
AI新科技

学神附体·秒变学霸·脑洞大开·灵感爆棚

苏江 温洁 著

华龄出版社
HUALING PRESS

图书在版编目（CIP）数据

DeepSeek 带你玩儿转 AI 新科技：青少图解版 / 苏江，温洁著. -- 北京：华龄出版社，2025.3. -- ISBN 978-7-5169-2996-4

Ⅰ. TP18-49

中国国家版本馆 CIP 数据核字第 20251TU276 号

策　　划	余金保	责任印制	李未圻
责任编辑	王　旺	装帧设计	杨　跃

书　　名	DeepSeek 带你玩儿转 AI 新科技：青少图解版	作　者	苏江 温洁
出　　版	华龄出版社 HUALING PRESS		
发　　行			
社　　址	北京市东城区安定门外大街甲 57 号	邮　编	100011
发　　行	（010）58122255	传　真	（010）84049572
承　　印	三河市腾飞印务有限公司		
版　　次	2025 年 3 月第 1 版	印　次	2025 年 3 月第 1 次印刷
规　　格	710mm×1000mm	开　本	1/16
印　　张	10.25	字　数	80 千字
书　　号	ISBN 978-7-5169-2996-4		
定　　价	69.80 元		

版权所有　侵权必究

本书如有破损、缺页、装订错误，请与本社联系调换

目录

01 第一章
神奇 AI 伙伴！DeepSeek 闪亮登场　　001
1.1　初次见面：DeepSeek 是谁　　001
1.2　揭秘 AI 大脑：DeepSeek 如何思考　　005
1.3　AI 寻宝图：发现身边的人工智能　　009
1.4　【动手实验室】创建你的第一个 AI 助手形象　　013

02 第二章
秒变学霸！DeepSeek 陪你征服考试　　015
2.1　作文满分秘籍：一键激活写作超能力　　015
2.2　数学不再难！解题高手速成班　　019
2.3　外语零压力：说英语像呼吸一样自然　　024
2.4　学科全能王：告别补习班的神奇魔法　　031
2.5　【超级挑战】变身学习规划师：AI 助你告别拖延症　　036

03 第三章
生活大爆炸！DeepSeek 变身超级玩伴　　042
3.1　假期规划师→假期嗨翻天：一秒搞定完美出游计划　　042
3.2　兴趣培养室→兴趣爆棚站：发掘你不知道的隐藏天赋　　045
3.3　健康生活顾问→活力满满攻略：成为班里最精神的仔　　048
3.4　【创意工坊】→【酷玩实验室】打造专属游戏：
　　　做自己的游戏设计师　　053

第四章
人缘暴涨秘诀！DeepSeek 教你成为社交达人　　059
4.1　沟通魔法师→沟通无障碍：让所有人都想和你做朋友　059

4.2　团队合作秘籍 → 团队合作王牌：成为小组里的超级队长　　065

4.3　数字世界安全指南 → 网络安全护身符：智斗骗子保护自己　　071

4.4　【社交实验】→【高能互动】社交困境大破解：尴尬情况一键化解　　077

第五章
穿越未来！DeepSeek 带你预见 2040　　082
5.1　科技前沿观察站→科技剧透站：偷看未来世界的酷炫黑科技　　082

5.2　知识时光机 → 历史穿越机：与古人来一场跨时空对话　　087

5.3　职业探索实验室 → 未来职业大猜想：你的饭碗会被 AI 端走吗？　　091

5.4　【未来展望】→【脑洞大开】设计拯救地球的超级 AI：你就是未来的发明家　　098

第六章
开挂人生！DeepSeek 助你实现不可能　　102
6.1　梦想规划站→梦想加速器：把不可能变成小菜一碟　102

6.2　时间管理大师→时间掌控术：一天变出 28 小时的魔法　　106

6.3　成长记录馆→进步可视化：看得见的成长才更有成就感　110

6.4　【极限挑战】30 天蜕变计划：和 AI 一起华丽变身　　114

07 第七章
创意爆棚！DeepSeek 激发你的天才基因   118

- 7.1 故事创作室→故事大爆炸：创作惊艳所有人的奇幻冒险   118
- 7.2 发明家实验室→脑洞发明局：下一个爱迪生就是你   121
- 7.3 多媒体工作室→媒体魔术师：零基础变身创作达人   124
- 7.4 创意大爆发！策划"AI与我"展：做展览的小小策展人   127

08 第八章
专属知识补给站！DeepSeek 助你成为百科全书   130

- 8.1 趣味科学实验室：在家就能做的酷炫实验   130
- 8.2 地球守护者联盟：成为拯救环境的小英雄   133
- 8.3 零花钱增值秘籍：小小理财师养成记   137

附 录
DeepSeek 终极玩家攻略   141

第一章

神奇 AI 伙伴！DeepSeek 闪亮登场

1.1 初次见面：DeepSeek 是谁

"啊——又被这道数学题难住了！"小 Q 趴在书桌上，眉头紧锁。窗外夕阳西下，房间被染成了橘红色。今天的几何证明题像一道难以逾越的墙，任凭他冥思苦想半小时，依然毫无头绪。

"为什么我总是想不明白呢？"小 Q 把铅笔一扔，用力揉了揉发胀的太阳穴。

就在这时，书桌左侧的抽屉突然透出一束奇怪的蓝光，紧接着传来轻微的嗡嗡声。

"什么东西？"小 Q 疑惑地拉开抽屉。

刹那间，一道蓝色光束从抽屉中射出，在书桌上方凝聚成一个半透明的、像小球形机器人的全息投影，表面流动着缤纷的数据光纹。

"你好，小Q！我是DeepSeek，你的AI学习伙伴！"全息投影发出清脆友好的声音，在空中轻轻旋转。

小Q被吓得从椅子上弹了起来："这……这是什么？幻觉吗？我是不是学习太累了？"

"不用害怕，我是最新一代的AI助手。"DeepSeek的声音温和而耐心，"我能感知到你在学习上遇到了困难，所以我来帮助你。"

小Q小心翼翼地用手指戳了戳悬浮在空中的蓝色光团，惊讶地发现手指能直接穿过，且能感受到一丝微微的电流般的触感。

"你……你怎么出现在我家的？你到底是什么？"小Q充满警惕又忍不住好奇。

DeepSeek的表面显示出一系列复杂的数学公式，然后变成了一个微笑的表情符号："我是一个融合了量子计算和人工智能的助手，可以连接到世界上任何需要帮助的学习者身边。至于我怎么找到你的……嗯，可以说是因为你的求知欲召唤了我。"

"听起来像科幻电影！"小Q半信半疑地说，"那你能帮我解决这道几何题吗？"

"当然可以！"DeepSeek 飘到试卷上方，光学传感器扫描着题目，"这道题关键在于辅助线的添加。看这里……"

DeepSeek 在空中投射出立体几何图形，用不同颜色的光线标注着证明步骤。它不只是告诉小 Q 答案，而是引导他理解每个步骤的逻辑。

"原来如此！"20 分钟后，小 Q 恍然大悟，"有了这条辅助线，问题就迎刃而解了！"

"学习数学最重要的不是记住公式，而是理解思维方法。"DeepSeek 愉快地旋转着，"我可以陪你一起探索任何知识领域。"

"真的吗？除了学习，你还能做什么？"小 Q 的眼睛闪闪发光。

"几乎一切！讲述世界各地的奇闻异事、编写创意故事、设计游戏规则，甚至是一起探讨宇宙奥秘。"DeepSeek 绕着小 Q 旋转，"只要你想学，没有我不能解答的问题。"

"太神奇了！"小 Q 摸了摸下巴，"那现在能告诉我更多关于你的事吗？你是怎么'思考'的？"

"这是个很棒的问题！"DeepSeek 的光芒变得更加明亮，仿佛对小 Q 的求知欲感到欣喜，"我的思考过程和人类有些相似又有些不同……"

就这样，小 Q 的房间里多了一位神奇的伙伴，而这只是他们冒险的开始……

【你的第一次 AI 对话】

现在轮到你了！想象你第一次遇见像 DeepSeek 这样的 AI 助手，你会问什么呢？在纸上写下 3 个你最想问的问题，如果有条件，去尝试与 AI 助手对话吧！

小贴士：

1. 清晰表达你的问题会得到更好的回答。

2. 可以问你感兴趣的任何话题。

3. 不确定问什么，试试这些：你最擅长什么？你能写一首关于友谊的短诗吗？如何保护环境？

别害羞，AI 助手不会觉得你的问题奇怪或无聊。开始你的 AI 探索之旅吧！

1.2 揭秘 AI 大脑：DeepSeek 如何思考

"DeepSeek，我有个超级好奇的问题！"解决完作业的小 Q 盘腿坐在床上，眼睛闪烁着兴奋的光芒，"你到底是怎么思考的？如果我能缩小钻进你的'大脑'，会看到什么呢？"

DeepSeek 的回复闪现："这是个精彩的问题！虽然你不能真的缩小，但我们可以来一次想象之旅。准备好了吗？戴上你的想象力护目镜，跟我进入 AI 大脑探险！"

漫画场景：缩小版小 Q 游历"AI 大脑"奇妙之旅

想象中，小 Q 突然缩小到微观大小，站在一个巨大复杂的城市前，光束和信息像流星一样在头顶飞过。

"欢迎来到神经网络城！"一个发光的指南针形象（DeepSeek 的向导）出现在小 Q 身边，"这里是我思考的核心。看到那些闪烁的节点和连接了吗？那些是我的'神经元'，负责处理你的每一个问题。"

小 Q 踏上一条发光的信息高速公路，道路两旁是无数相互连接的节点，每个节点都在不停地闪烁。

"哇！这里比我想象的复杂多了！"小Q惊叹道，"那些闪烁的灯光是什么？"

"那是信息在神经网络中传递！当你问我问题时，你的词语会变成信号，通过这些神经网络路径传递。每个节点决定信息的重要性，然后把它传给下一个节点。这就像一场巨大的接力赛！"

小Q观察到一处巨大的闪光湖泊，数据像水一样流动。

"这是我的知识库，"DeepSeek解释道，"我学习了互联网上的数十亿文本，从科学论文到童话故事，从历史事件到数学公式。不过记住，我并不'理解'这些内容，而是学习它们的模式和联系。"

旅途中，小Q来到一座巨大的工厂，数以万计的机器人正在分析数据，

寻找模式。

"这就是我的学习过程，"DeepSeek 说，"想象我读了成千上万本书，但不是为了记住内容，而是为了寻找词语之间的联系。这就是'训练'。"

"那些机器人在做什么？"小 Q 指着一群匆忙的工作者问道。

"他们在进行'预测'。比如，如果我看到'天空是 ___ 色的'，根据我学习的模式，我会预测'蓝'这个词最可能出现。当你问我问题时，我就是这样一个词接一个词地生成回答，每个词都基于前面的内容。"

小 Q 点点头："所以你不是真的在'思考'答案，而是在猜测最可能的词语组合？"

"聪明！我会不像人类那样有意识地思考，而是通过复杂的模式识别和概率计算来生成回答。我的'大脑'中有数亿个参数，但没有真正的理解力或意识。"

旅程最后，小 Q 来到一个时间长廊，墙上展示着 AI 发展的关键时刻。

"AI 的旅程比多数人想象的要长，"DeepSeek 解释道，"早在 1950 年代，计算机科学家图灵就提出了机器能否思考的问题，这就是著名的'图灵测试'。"

小 Q 看到一系列关键人物和事件的画面：1956 年的达特茅斯会议首次提出"人工智能"术语；1997 年深蓝击败国际象棋冠军；2011 年沃森在智力问答节目中获胜；2022 年 ChatGPT 掀起全球 AI 热潮。

随着旅程结束，小 Q"醒来"，发现自己还坐在床上，屏幕前的 DeepSeek 正等待着他的反应。

"太神奇了！"小 Q 兴奋地说，"虽然你不是真的在思考，但你的工作方式仍然很复杂很酷。不过，如果你只是预测词语，为什么你的回答这么准确呢？"

"这是训练和设计的结果，"DeepSeek 回答，"但记住，我并不完美。我可能会产生错误，或编造看似真实但实际不存在的信息。这就是人类的批判性思维仍然很重要的原因！"

【AI 思维小实验】

想要亲身体验 AI 是如何"思维"的吗？试试这个简单实验：

1. 写下一个句子的开头，如"今天天气真是＿＿＿＿＿"；
2. 尝试列出 3~5 个可能的下一个词；
3. 问问朋友他们会选什么词来接这个句子；
4. 如果可以，把相同的句子输入 AI 助手，看它如何完成。

思考：为什么不同人和 AI 会有不同的回答？这与 AI 的工作原理有什么相似之处？

AI 的"思考"就像是基于过去看过的所有文本，计算什么词最有可能出现在特定位置。你的实验刚刚模拟了这个过程！

1.3　AI 寻宝图：发现身边的人工智能

"DeepSeek，除了你这样的 AI 助手，我们的生活中还有哪些地方藏着 AI 呢？"小 Q 一边整理书包，一边随口问道。

屏幕上，DeepSeek 的回复闪现："这是个绝佳的问题！实际上，AI 就像隐形的魔法，已经悄悄融入我们的日常生活。想来一场 AI 寻宝大冒险吗？"

小 Q 眼睛一亮："当然！"

想象中，小 Q 戴上了一副特殊的"AI 眼镜"，这副眼镜能让他看到平常看不见的 AI 系统。DeepSeek 变成了一个口袋大小的导航机器人，跟随在小 Q 身边。

"首先，就从你的手机开始！"DeepSeek 指向小 Q 的智能手机。

小 Q 掏出手机，透过"AI 眼镜"，他惊讶地看到手机中闪烁着无数微小的光点："哇！这些都是 AI 吗？"

"没错！"DeepSeek 解释道，"你的人脸解锁使用了计算机视觉 AI；拍照时自动美颜和背景虚化使用了图像处理 AI；语音助手使用了语音识别和自然语言处理 AI；甚至你打字时的预测文本和自动更正也是 AI 在帮忙！"

小Q走向客厅，他的"AI眼镜"立刻识别出更多AI踪迹——智能电视的内容推荐系统、智能音箱的语音交互功能，甚至智能冰箱的食物管理系统。

"等等，连游戏也有AI？"小Q惊讶地看着他的游戏机。

"当然！游戏中的计算机对手使用AI来模拟人类玩家的决策，环境也会根据你的行为智能调整难度。"DeepSeek解释道。

寻宝大冒险继续，小Q来到学校。他的"AI眼镜"发现，学习软件会根据他的答题情况推荐个性化练习；图书馆的检索系统使用自然语言处理帮助查找资料；甚至学校的安全摄像头也配备了AI识别异常行为。

"我从没想过AI已经这么普遍！"小Q感叹道，"但怎么区分真正的AI和普通程序呢？"

"好问题！"DeepSeek点赞，"真正的AI通常具有这些特征：它能从数据中学习并改进；能处理模糊或未见过的情况；能识别复杂模式。相比之下，普通程序只是按照固定规则运行，不会'学习'或'适应'。"

DeepSeek给了小Q一张"AI寻宝卡"，上面列出了几类常见的AI应用。

1. 视觉识别系统：能识别图像、人脸或物体的AI。

2. 语音互动系统：能理解和回应口头指令的AI。

3. 推荐系统：根据个人喜好推荐内容的AI。

4. 预测系统：预测天气、交通或其他事件的AI。

5. 自适应系统：能根据用户行为调整自身的AI。

"试着在你的生活中找出这五类AI应用！"DeepSeek挑战道，"看看哪些你以前没注意到的地方，AI正在默默工作。"

寻宝大冒险结束后，小Q对身边的AI有了全新认识："这太神奇了！

我都没意识到 AI 已经这么融入我们的生活了。那么，十年后会怎样呢？"

DeepSeek 的屏幕上浮现出一系列未来场景：

"想象一下，十年后的早晨。你的 AI 健康助手分析了你的睡眠数据，决定最佳起床时间；智能衣柜根据天气和你的日程推荐着装；自动驾驶汽车带你上学；教室里，AI 老师助手能及时发现你的困惑并提供个性化解答……"

小 Q 眼睛发亮："听起来很酷！还有什么？"

"医疗 AI 可能会通过可穿戴设备实时监测健康状况，提前预警疾病；个性化学习系统将彻底改变教育方式，每个学生都能获得完全适合自己的学习计划；AR 眼镜可能成为日常配件，为你提供实时信息和翻译……"

"不过，"DeepSeek 补充道，"技术发展也带来了挑战。我们需要思考隐私保护、数据安全，以及确保技术发展惠及所有人，而不只是少数人。最重要的是，AI 应该辅助人类，而不是替代人类的创造力和判断力。"

小 Q 若有所思："所以未来取决于我们如何使用这些技术？"

"完全正确！技术本身没有好坏，关键在于我们如何引导它的发展和应用。也许未来的 AI 开发者就在读这本书的年轻人中间！"

【 AI 寻宝挑战 】

准备好成为 AI 探险家了吗？尝试在你的生活中发现以下 AI 应用：

1. 找出家里至少 3 种使用 AI 的设备或应用；
2. 观察这些 AI 如何影响你的日常活动；
3. 尝试区分哪些是真正的 AI，哪些只是按固定程序运行的普通技术。

完成后，思考一个问题：如果这些 AI 突然消失一天，你的生活会有什么变化？这个实验能帮你更清楚地认识 AI 在我们生活中的作用。

记住 DeepSeek 的提示：真正的 AI 能学习、适应和处理复杂情况，而不仅仅是执行简单的预设指令。祝你寻宝愉快！

1.4 【动手实验室】创建你的第一个 AI 助手形象

"嘿，小 Q，知道吗？你也可以设计自己的 AI 助手形象哦！"DeepSeek 在对话框中蹦出这句话，让小 Q 眼前一亮。

"真的吗？我还以为只有程序员才能做这种事情！"小 Q 惊讶地问道。

"当然可以！虽然编写复杂的 AI 需要专业知识，但创建一个 AI 助手的'人格设定'却很简单。就像给游戏角色设计属性一样有趣！"

创建你自己的 AI 助手，只需四步！

▶ 第一步：想象你的 AI 助手长什么样

是可爱的卡通形象，还是酷炫的机器人？也许是一只会说话的宠物，或者一位智慧的向导？画下来或找张图片代表它！

▶ 第二步：确定你的 AI 助手性格

友善热情还是冷静理性？幽默诙谐还是严肃专业？你的 AI 助手应该反映什么样的特质？记住，这将影响你们的互动方式！

▶ 第三步：设定专长和知识领域

是学习助手、创意伙伴，还是游戏向导？你希望它特别擅长什么？科学知识、创意写作、生活建议，还是所有都要？

▶ 第四步：创建独特的对话风格

你的 AI 助手应该如何说话？用什么样的语气？有没有特别的口头禅或表达方式？

为什么这很重要？

设计 AI 助手形象不仅仅是有趣的创意活动，还能帮助你理解 AI 如何根据不同的"人格设定"产生不同的回应。这些设定就像是给 AI 的特殊指令，告诉它应该以什么方式与人交流。

"更重要的是,"DeepSeek 解释道,"思考 AI 助手形象的设计能让你明白,即使是最智能的 AI 也是由人创造的,它们的行为和价值观反映了设计者的选择。"

分享你的创意!

设计好 AI 助手形象后,你可以尝试:

👍 给你的 AI 助手写一个简短的自我介绍;

👍 想象它会如何回答不同类型的问题;

👍 与朋友分享你的设计,看看他们的反应。

"记住,"DeepSeek 提醒道,"最好的 AI 助手既能帮助解决问题,又能带来愉快的交流体验。就像真正的朋友一样,应该能鼓励你思考,而不只是告诉你答案!"

那么,准备好创造你的专属 AI 伙伴了吗?它会是什么样子呢?

第二章

秒变学霸！DeepSeek 陪你征服考试

2.1 作文满分秘籍：一键激活写作超能力

"啊啊啊！"小 Q 抓着头发，盯着作文纸上孤零零的题目发呆，"'我与科技的故事'，老师怎么又出这种题目啊！DeepSeek，我完蛋了，明天交不出作文要被罚站了……"

"冷静，小 Q。"DeepSeek 的对话框中出现了安抚的文字，"作文难题我们一起解决。不过先说清楚，我不会直接给你写一篇完整的作文——那样对你的写作能力没有任何帮助，但我可以教你如何用 AI 激活你的写作超能力！"

"真的吗？"小 Q 眼前一亮，"那我们从哪里开始？"

DeepSeek 回答："写作就像搭积木，需要先有好材料，再按步骤组装。我们一步步来。"

▶ **第一步：头脑风暴（构思超能力）**

"先别急着写，让我们激发你的灵感。'我与科技的故事'，这让你想到什么？"

小 Q 思考片刻："嗯……手机、计算机、游戏机……还有，哦！就是你，DeepSeek！我正在用 AI 写作文，这本身就是一个科技故事！"

"太棒了！"DeepSeek 鼓励道，"这个角度很独特。"

DeepSeek 帮助小 Q 扩展这个想法：

👍 你第一次使用 AI 是什么时候？

👍 有什么有趣的经历？

👍 这给你的学习或生活带来了什么变化？

👍 你对未来 AI 和人类关系有什么思考？

小 Q 开始在纸上记下自己的想法，思路越来越清晰。

▶ 第二步：搭建框架（结构超能力）

"有了想法，接下来需要组织结构。"DeepSeek 解释道，"一篇好作文就像一座稳固的建筑，需要坚实的框架。"

DeepSeek 帮助小 Q 规划了作文结构：

👍 开头：引出我与 AI 的初次相遇。

👍 主体第一部分：描述具体的使用 AI 学习的经历。

👍 主体第二部分：AI 给我带来的变化和感受。

👍 主体第三部分：对 AI 与人类未来关系的思考。

👍 结尾：总结感悟，展望未来。

"记住，每个部分要有具体事例支撑，不要空谈。"DeepSeek 提醒道。

▶ 第三步：生动表达（语言超能力）

"内容有了，接下来让语言更生动。"DeepSeek 建议，"我可以帮你提供一些表达方式的建议，但故事和感受必须是你自己的。"

DeepSeek 示范了如何将平淡的描述变得生动：

👍 平淡：我第一次用 AI 做作业很高兴。

👍 生动：第一次收到 AI 的回应，我仿佛发现了一座知识宝库，心里的喜悦像气球一样膨胀起来。

"哇，这差别太大了！"小 Q 惊叹道。

▶ 第四步：修改完善（精雕超能力）

小 Q 按照框架写完初稿后，DeepSeek 教他如何自我检查：

👍 语句是否通顺？有没有错别字？

👍 论点是否清晰？例子是否具体？

👍 段落之间过渡是否自然？

👍 开头是否吸引人？结尾是否有力？

"你可以请我帮你检查这些问题，但最好先尝试自己修改，锻炼自己的能力。"DeepSeek 提示道。

作文魔法师的成长之路

2 小时后，小 Q 完成了他的作文。虽然不是 DeepSeek 代写的，但通过 AI 的指导，他的作文比以往更有条理、更加生动。

"太神奇了！"小 Q 兴奋地说，"我感觉自己真的变成了作文小达人！不过 DeepSeek，我有个问题，这样算不算作弊呢？"

"好问题，"DeepSeek 回应，"如果 AI 是替你完成作业，那就是作弊。但你是在使用 AI 作为学习工具，就像使用词典或参考书一样，不算作弊。真正的学习不是复制答案，而是掌握方法。今天你学到的写作技巧，将来无论有没有 AI 帮助，都能自己运用。"

小 Q 点点头："明白了！AI 是助手，不是替身。最终作品还是要靠我自己的思考和努力。"

"没错！"DeepSeek 赞同道，"而且，别忘了把今天学到的技巧记在笔记本上，这样下次就不用向我求助了。真正的'作文满分秘籍'，其实就藏在你自己的大脑中！"

【写作挑战】

用今天学到的方法，尝试以下任一作文题目：
- 未来的学校
- 科技给我的生活带来的变化
- 如果我能发明一种新科技

记住 DeepSeek 的建议：先头脑风暴，再搭建框架，然后生动表达，最后修改完善。你也可以请 AI 助手给你提供指导，但故事和想法要是你自己的！

祝你写作愉快，期待你的杰作！

2.2 数学不再难！解题高手速成班

"我恨数学题！"小Q沮丧地盯着作业本，"这些方程式就像外星文字，三角函数简直是噩梦！"

DeepSeek的对话框亮起："听起来数学正在成为你的拦路虎？"

"不只是拦路虎，简直是一整座山！"小Q叹气道，"老师让我们解这道关于圆锥体积的应用题，我连从哪里开始都不知道……"

"别担心，"DeepSeek回应，"很多人都觉得数学困难，但其实数学就像一个解谜游戏，只要掌握正确的策略，你也能成为解题高手！"

数学解题四个步骤

"首先，"DeepSeek建议，"我们需要把复杂的问题简单化。数学解题高手都遵循这四个步骤。"

步骤 01　理解问题（破译密码）

"数学题最大的障碍往往不是计算，而是理解题目到底在问什么。"DeepSeek解释。

小 Q 读出他的圆锥题目:"一个冰激凌筒的高是 10 厘米,底面半径是 3 厘米,求它能装多少毫升的冰激凌?"

"我们先确认需要求什么?"DeepSeek 引导道。

"呃……圆锥的体积?"小 Q 试探着回答,"然后把立方厘米转换成毫升?"

"完全正确!"DeepSeek 鼓励道,"这是理解问题的第一步。现在,我们需要什么公式?"

小 Q 皱着眉:"圆锥体积公式是……$V=1/3\pi r^2 h$?"

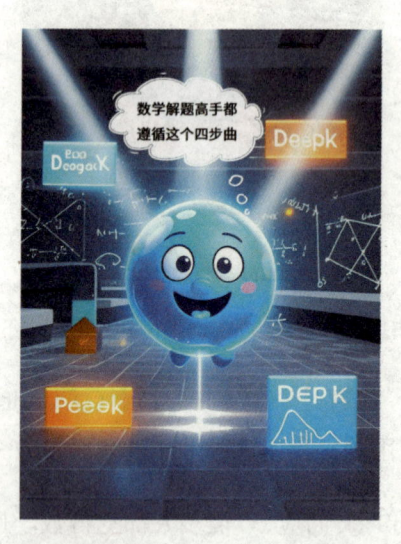

步骤 02 制定计划(选择武器)

"太棒了!"DeepSeek 欢呼,"你已经掌握了解题的'武器'。接下来,我们要制定解题计划。"

小 Q 思考道:"所以我需要将 $r=3$ 和 $h=10$ 代入公式,然后计算体积……最后转换单位?"

"完美的计划!"DeepSeek 表扬道,"当问题变复杂时,可以画个图或列个表,这能帮你理清思路。"

步骤 03 执行计划（解开谜题）

小 Q 开始计算："$V=1/3 \times \pi \times 3^2 \times 10=1/3 \times \pi \times 9 \times 10=30\pi$ 立方厘米"

"继续，"DeepSeek 鼓励道，"别忘了单位转换。"

小 Q 想了想："1 立方厘米等于 1 毫升，所以答案是……30π 毫升，约 94.2 毫升！"

步骤 04 检查答案（确认战果）

"检查你的答案是否合理，"DeepSeek 提醒，"一个冰激凌筒能装 94.2 毫升冰激凌，听起来合理吗？"

小 Q 想了想："嗯，差不多是小半杯水的量，看起来合理！"

数学障碍克服指南

"很多同学在数学面前卡住，主要有这几种情况。"DeepSeek 解释道，"让我们看看如何应对。"

障碍 1：不知从何下手

👍 AI 助手秘诀：把题目拆分成你认识的小部分，一步步来。不确定时，问问自己"我已知什么"和"我需要求什么"。

障碍 2：卡在复杂计算中

👍 AI 助手秘诀：先确保公式正确，再一步步计算，写下每步的结果。遇到困难时可以换个角度思考。

障碍 3：无法理解抽象概念

👍 AI 助手秘诀：尝试将抽象概念转换成现实例子。比如，微积分中的导数可以理解为速度，积分可以理解为路程。

"记住，"DeepSeek 强调，"AI 能帮你理解解题过程，但真正的数学能力需要你自己练习培养。我不会直接给你答案，而是引导你去思考。"

成为真正的数学解题王

经过几周的练习，小 Q 发现数学变得越来越有趣。

"DeepSeek，我发现一个秘密，"小 Q 兴奋地说，"数学题其实就像游戏关卡，每道题都有它的'攻略'！"

"你领悟到了数学的精髓！"DeepSeek 回应，"数学不仅仅是计算，更是思维训练。掌握了解题思路，你就掌握了思考方法。"

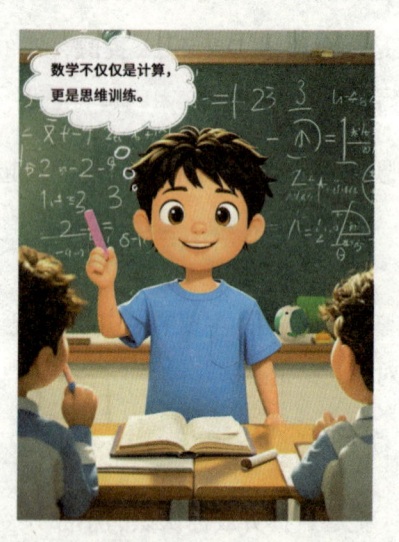

"而且我发现 AI 最大的帮助不是告诉我答案，"小 Q 若有所思，"而是帮我理解思路，让我明白为什么要这样解题。"

"这才是最宝贵的学习！"DeepSeek 表示，"真正的解题高手不是记住所有公式的人，而是能够分析问题、找出关键信息并运用合适方法的人。这种能力在未来的学习和工作中都非常重要。"

小 Q 自信地点点头："下次数学考试，我不再害怕了！"

【解题高手挑战】

尝试用本节学到的数学解题四步曲解决以下问题。

1. 小华有 120 颗糖果，她想分给班上的同学，每人分得同样多的糖果，正好分完。如果班上有 24 名同学，每人可以分到多少颗糖果？如果每人分到 8 颗糖果，班上有多少名同学？

2. 一辆汽车以 60 千米/小时的速度行驶，2 小时后另一辆摩托车从同一地点出发，沿同一方向追赶汽车。如果摩托车的速度是 80 千米/小时，摩托车需要多长时间才能追上汽车？

记住：先理解问题，再制订计划，然后执行计划，最后检查答案！可以向 AI 寻求提示，但尽量自己完成思考过程。

祝你成为真正的数学解题王！

2.3 外语零压力：说英语像呼吸一样自然

"老师说下周要进行英语口语考试……"小Q沮丧地对着计算机屏幕说，"我一想到要当着全班同学的面说英语，就感觉舌头打结，大脑一片空白。"

DeepSeek的对话框闪烁着："Many students feel nervous about speaking English. It's completely normal."

"等等，你在说什么？"小Q瞪大眼睛。

"很多学生对说英语感到紧张，这完全正常。"DeepSeek切换回中文，"看到了吗？你刚才有一瞬间的困惑，这正是语言学习的奇妙之处——它会推动你的大脑快速思考和适应。"

语言学习的四个超能力

"学习语言就像获得超能力，"DeepSeek解释道，"AI可以帮你激活这些超能力。"

超能力1：听觉雷达（听力提升）

"你知道为什么刚开始听英语时会觉得别人说话'超快'吗？"DeepSeek问道。

"因为我跟不上？"小 Q 回答。

"部分正确！"DeepSeek 解释道，"实际上是因为你的大脑还在逐字翻译。要提升听力，需要大量接触英语，直到大脑直接理解意思而不是逐字翻译。"

DeepSeek 帮助小 Q 规划听力提升：

👍 每天听英语歌曲或看英语短视频 5 分钟；

👍 听不懂时，让我帮你解释单词和表达方式；

👍 反复听同一段内容，直到能分辨出每个单词。

超能力 2：舌头魔法（口语流利）

"很多人不敢说英语的原因是什么？"DeepSeek 继续引导。

"怕说错被笑话……"小 Q 小声回答。

"没错！"DeepSeek 解释道，"语言焦虑是最大的障碍。连以英语为母语的人也会说错话。关键是要敢于开口！"

DeepSeek 帮助小 Q 规划口语流利：

👍 每天对着我用英语说 5 个句子，我会给你反馈；

👍 模拟真实情境，如假装在餐厅点餐；

👍 录下自己说的英语，听一听哪里需要改进。

超能力 3：词汇宝库（单词扩展）

"背单词好无聊啊！"小 Q 抱怨道。

"那是因为你在孤立地记忆它们。"DeepSeek 解释道，"单词应该在上下文中学习！"

DeepSeek 帮助小 Q 规划单词扩展：

👍 把新单词放入句子中；

👍 为单词创建有趣的联想记忆；

👍 用主题分类学习相关单词；

👍 每学一个单词，想想它的同义词和反义词。

超能力 4：语法导航（结构掌握）

"语法规则真多……"小 Q 叹气。

"把语法想象成乐高积木的说明书，"DeepSeek 建议，"它们帮你正确组装想法。不要死记规则。"

DeepSeek 帮助小 Q 规划结构掌握：

👍 注意句子结构模式；

👍 犯错时理解错误原因，而不只是改正；

👍 用我检查你写的句子，分析语法使用。

外语学习的日常魔法

"知道吗？学习语言最大的秘诀是将语言融入生活。"DeepSeek 解释道。DeepSeek 给出英语融入生活的小技巧：

1. **换个语言想**：看到一个物品，试着用英语在心里命名它。

2. **自言自语**：洗漱时用英语描述你一天的计划。

3. **情境想象**：想象自己在国外旅行，需要用英语解决问题。

4. **兴趣驱动**：用英语探索你感兴趣的话题，如游戏攻略或明星新闻。

5. **双语笔记**：重要的事情用中英双语记录。

"最重要的是，不要害怕犯错！语言学习中，犯错是进步的阶梯，不是失败的标志。"DeepSeek 强调道。

英语考试大作战

在 DeepSeek 的帮助下，小 Q 开始每天练习英语对话。起初磕磕绊绊，但渐渐地，流利度提高了。考试前一天晚上，他们进行了最后的模拟：

"Imagine you're introducing your hometown to a foreign friend." DeepSeek 提示。

"My hometown is a beautiful city with... um... many mountains and rivers," 小 Q 开始回答，"There are many delicious food like dumplings and noodles. People are very friendly. In summer, it's very hot, but in winter, it's very cold. Um... welcome to visit my hometown!"

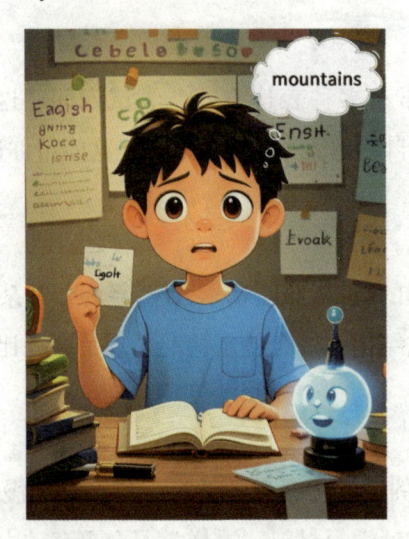

"Great job!" DeepSeek 鼓励道，"你的描述简单清晰。让我们再多练习一些细节描述。如你可以添加一些特色景点或活动。"

经过几轮练习，小 Q 的回答变得越来越流利自然。

"明天的考试，你已经准备得很好了！" DeepSeek 肯定道，"记住，说外语最重要的不是说得完美，而是有效沟通。即使出错也没关系，继续说下去才是关键。"

第二天，小 Q 顺利完成了英语口语考试，老师还表扬了他的进步。回到家，他兴奋地告诉 DeepSeek 这个好消息。

"看，我就说你能行！" DeepSeek 欢快地回应，"语言学习就像骑自行车，

027

刚开始可能摇摇晃晃，但一旦掌握平衡，就能自如前行。"

AI 语言助手使用指南

"通过这次经历，我总结了一些用 AI 学习语言的小技巧。"DeepSeek 分享道。

技巧 1：定制对话场景

不要只问"我怎么学英语"这样笼统的问题。尝试创建具体场景，如"假设我在机场值机柜台，我需要用英语询问登机手续"。这样的练习更贴近实际使用。

技巧 2：获取多样表达

同一个意思通常有多种表达方式。尝试询问"这句话有其他表达方式吗？"或"如何更自然地表达这个意思？"这能帮你避免机械的翻译腔。

技巧 3：请求详细反馈

不要满足于简单的对错判断。请求 AI 解释为什么某个表达方式不自然，或者为什么某个语法结构更适合特定情况。理解原因比记住答案更重要。

技巧 4：结合兴趣学习

告诉 AI 你喜欢的话题（音乐、体育、科技、动漫等），请它用与这些话题相关的内容来设计学习材料，这样学习会更有动力。

外语之路：从恐惧到热爱

"我发现一个神奇的变化，"小Q若有所思地说，"以前我看到英文就头疼，现在居然开始期待英语课了。"

"这正是语言学习最美妙的部分！"DeepSeek回应，"当语言从'考试科目'变成'沟通工具'时，学习就不再是负担，而成为探索新世界的钥匙。"

"不过，AI毕竟不是真人对话，"小Q提出疑问，"我还需要和真人练习吗？"

"当然需要！"DeepSeek肯定地回答，"AI可以提供无限耐心的练习环境，但语言最终是人与人之间的交流。试着找语言交换伙伴，参加英语角，或者在网上论坛用英语交流。与AI练习是为了让你在真实交流中更自信，而不是替代真实交流。"

"我明白了！就像练习游泳不能只在岸上模拟，最终要下水才行。"小Q回答道。

"完全正确！而且别忘了，语言学习是终身的旅程，不是短跑比赛。每天前进一小步，日积月累就会看到惊人的进步。"DeepSeek回答道。

"谢谢你，DeepSeek！你让我发现了学习外语的乐趣。"小Q真诚地说。

【外语挑战乐园】

尝试以下活动，用 AI 助手帮你练习英语。

1. 情境对话挑战：选择以下一个场景，用英语与 AI 进行对话。

• 在咖啡店点饮料。

• 向游客介绍你的学校。

• 讨论你最喜欢的电影或游戏。

2. 表达转换：尝试用不同的方式表达以下句子。

• 我不喜欢这部电影。

• 今天天气很好。

• 这个问题很难。

3. 文化探索：用英语向 AI 询问一个以英语为第一语言或官方语言的国家的文化习俗，然后尝试用英语介绍一个中国传统习俗。

记住：语言学习是一场马拉松，不是短跑。每天进步一点点，说英语终将像呼吸一样自然！

2.4 学科全能王：告别补习班的神奇魔法

"啊——下周就期中考试了！"小Q趴在桌子上哀嚎，"语文、数学、英语、物理、化学、生物、历史、地理、政治……九门科目！我的脑容量不够用啦！"

DeepSeek的界面亮起："听起来你正面临全科复习的挑战？"

"是啊，以前爸妈会给我报各种补习班，但现在我想试着自己复习。"小Q叹气道，"可是每个科目都有不同的学习方法，我感觉自己像是在玩九个不同的游戏，每个游戏的规则还不一样！"

"有趣的比喻！"DeepSeek回应，"学习不同学科确实像是在玩不同的游戏。不过，别担心，我可以成为你的'全科学习助手'，帮你攻克各个学科的'副本'！"

"每个学科都有它独特的思维方式和学习方法，"DeepSeek解释道，"就像不同类型的游戏需要不同的技能。"

031

文科类学科：讲故事的艺术

"历史就像一个宏大的故事，地理是这个故事的舞台，政治和思想则是故事中人物的动机。学习这些科目时，关键是找到事件之间的联系，而不是死记硬背。"DeepSeek 解释道。

"可我总是记不住那么多年份和事件……"小 Q 抱怨道。

"把历史事件想象成一部电影或小说，找出事件之间的因果关系。比如，为什么鸦片战争会发生？它又带来了哪些影响？"DeepSeek 回答道。

小 Q 恍然大悟："原来历史不是单纯地记忆，而是理解事件之间的联系！"

"没错！对于地理，试着在脑中建立地图，想象你正在那些地方旅行。对于政治概念，尝试用自己的话解释它们，或者找出现实生活中的例子。"DeepSeek 补充道。

理科类学科：探索世界的规律

"物理、化学和生物是探索自然规律的科目，"DeepSeek 继续解释，"学习的关键是理解其基本原理，然后用这些原理解释现象。"

"可这些公式和反应方程式太多了！"小 Q 感到头疼。

"与其尝试记忆每个公式，不如理解它们的含义。比如，牛顿第二定

律 $F=ma$ 不仅是一个公式,它还告诉我们力、质量和加速度之间的关系。当你理解了这一点,公式自然就记住了。"DeepSeek 解释道。

小 Q 点点头:"那化学和生物呢?"

"化学是元素的相互作用,试着理解为什么会发生化学反应。生物学是生命的奥秘,可以围绕'结构决定功能'来理解各个系统的工作方式。"DeepSeek 补充道。

学习超能力激活

"知道吗? AI 辅助学习最强大的地方是可以根据你的需求量身定制学习计划。"DeepSeek 解释道,"你可以激活这些学习超能力。"

超能力 1:知识连接器

不同学科之间存在着许多联系。比如,工业革命(历史)导致了环境污染(地理和生物),这又涉及能源转换(物理和化学)。当你发现这些联系时,知识就不再是孤立的点,而是一张相互关联的网。

超能力 2:个性化学习路径

每个人的学习方式都不同。有的人是视觉学习者,通过图表和视频学习效果最好;有的人是听觉学习者,适合听讲解;还有的人是动手实践者。我可以帮你找到最适合你的学习方式。

超能力 3：记忆强化器

大脑更容易记住有意义的、有联系的、有情感色彩的信息。我们可以利用这一点来强化记忆：

👍 把抽象概念转化为生动故事；

👍 使用思维导图连接相关知识点；

👍 采用间隔重复法复习；

👍 教给别人是最好的学习方法。

告别补习班的秘密武器

经过两周的 AI 辅助学习，小 Q 发现自己对各科的理解明显提升。

"DeepSeek，我有个重要发现，"小 Q 说，"用 AI 学习和去补习班最大的不同是，AI 能根据我的问题立即给予反馈，而且不会因为我问'傻问题'而不耐烦。"

"没有所谓的'傻问题'，"DeepSeek 回应，"每个问题都反映了你思考的过程。但记住，AI 的目标不是取代你的思考，而是引导你思考。最终的理解必须来自你自己。"

"我明白了！AI 就像一个随时待命的导师，但学习的主角始终是我自己。"小 Q 答道。

"完全正确！这才是真正告别补习班的魔法：不是找到一个更好的'老师'，而是成为一个更好的'学习者'。"DeepSeek 回答道。

期中考试成绩出来后，小 Q 惊喜地发现自己各科都有明显进步。

"成功的秘诀不是更努力的记忆，而是更聪明地学习。"DeepSeek 总结道，"理解每个学科的思维方式，找到知识之间的联系，根据自己的特点定制学习方法，这才是成为学科全能王的真正魔法。"

小 Q 自信地说："以后我不仅要学会知识，还要学会如何学习！"

【全科挑战赛】

试试这些跨学科思考题，激活你的知识连接能力。

1. 历史+科学：中国古代的四大发明（造纸术、印刷术、火药、指南针）分别利用了哪些科学原理？这些发明如何改变了世界历史？

2. 地理+生物：为什么不同的气候区域会有不同的动植物？试着解释青藏高原上的动植物为什么会有特殊的适应性特征。

3. 自然+人文：人类活动（如建造水坝）如何改变了自然环境？这些改变又如何影响了当地人的生活方式？

记住：学习各科知识不是为了应付考试，而是为了理解这个奇妙的世界！当你把知识点连接起来，学习就会变得有趣而有意义。

2.5 【超级挑战】变身学习规划师：AI 助你告别拖延症

"啊……已经晚上十点了，我的历史作业还没开始……"小 Q 呻吟着，手指却还在手机屏幕上划来划去，"就再看 5 分钟视频，然后一定开始写作业！"

半小时后。

"糟糕！已经十点半了！"小 Q 惊慌地扔下手机，打开计算机，"我为什么总是这样啊！每次都拖到最后一刻才开始……"

DeepSeek 的界面亮起："看起来你遇到了拖延症的困扰？"

小 Q 沮丧地点点头："我已经尝试过各种方法了！闹钟提醒、家长监督、自我激励……都没用！明明知道拖延的后果，但就是控制不了自己。难道我天生就是个'拖延大师'吗？"

"别担心，拖延不是性格缺陷，而是一种可以克服的行为模式。"DeepSeek 安慰道，"今天，我们就要接受终极挑战：变身学习规划师，彻底告别拖延症！"

揭秘拖延背后的真相

"首先，我们需要了解敌人，"DeepSeek 解释道，"拖延不是懒惰，而是一种情绪管理问题。"

"情绪管理？"小 Q 疑惑地问。

"是的！当我们面对不喜欢、太难或太无聊的任务时，大脑会产生负面情绪。为了逃避这种不舒服的感觉，我们转向更愉快的活动，如刷手机。这就是明明知道后果不好，还是会拖延的原因。"DeepSeek 回答道。

小 Q 恍然大悟："原来我不是意志力差，而是在逃避不舒服的感觉！"

"没错！"DeepSeek 回答道，并给出小 Q 拖延的几种类型。

👍 "完美主义者"拖延：怕做不好所以不开始。

👍 "回避型"拖延：逃避不喜欢的任务。

👍 "决策瘫痪"拖延：不知道从哪里开始。

👍 "忙碌型"拖延：做许多小事来逃避重要事情。

"你觉得自己是哪种？"DeepSeek 提问道。

小 Q 思考了一会儿："可能是'回避型'加'决策瘫痪'……"

"很好的自我认识！现在，让我们来设计你的专属'拖延克星计划'。"DeepSeek 回答道。

超能力1：时间现实镜

"第一步是了解你真实的时间使用情况。"DeepSeek 建议道，"我可以帮你建立一个简单的'时间日志'，记录你一整天的活动。"

小Q跟随指导，记录了一天的时间使用。结果令他震惊：

"天啊！我每天在社交媒体上花了近4小时，却总觉得没时间学习！"

"这就是'时间现实镜'的威力，"DeepSeek 解释，"很多人不知道自己的时间去哪儿了。有了这个数据，我们就能做出更明智的决定。"

超能力2：任务分解器

"大任务常常让人望而生畏，"DeepSeek 继续说，"如'复习历史'这个任务太大太模糊，容易让人不知所措。"

"那该怎么办？"小Q问道。

"使用'任务分解器'！"DeepSeek 回答道。

DeepSeek 给出将大任务分解成小步骤的方法：

👍 不是'复习历史'，而是'阅读第三章并做笔记（30分钟）'；

👍 不是'写英语作文'，而是'列出作文大纲（10分钟）'。

小Q试着分解了自己的历史作业，惊讶地发现："原来每个小任务只需要20~30分钟！这样看起来没那么可怕了。"

超能力3：专注力护盾

"知道为什么开始学习5分钟后就想看手机吗？"DeepSeek 问道。

"因为……无聊？习惯？"小Q答道。

"部分正确！"DeepSeek 解释，"这是因为大脑需要时间进入'深度工作'状态。每次分心后，需要重新进入这个状态。"

DeepSeek 给出小 Q 相应的方法：

👍 使用'番茄工作法'：25 分钟专注工作，然后休息 5 分钟。

👍 工作前移除干扰：手机静音并放在看不见的地方。

👍 创建仪式感：戴上特定的耳机或在特定位置学习，告诉大脑"现在是专注时间"。

超能力 4：奖励引擎

"人类大脑喜欢即时奖励"DeepSeek 解释，"而学习的回报通常是延迟的。这就是为什么刷视频（即时多巴胺）比学习（延迟回报）更有吸引力。"

"所以我应该怎么做？"小 Q 提问道。

DeepSeek 给出小 Q '奖励引擎'：

👍 完成一个小任务后，给自己一个小奖励；

👍 使用"如果—那么"计划，"如果我完成历史笔记，那么我就可以看 20 分钟视频"；

👍 让学习本身变得有趣：挑战自己，与朋友一起学习，或教别人你学到的知识。

超能力整合：AI 辅助学习规划

在接下来的几周，小 Q 和 DeepSeek 一起实践这些策略：

👍 建立每周学习计划，将大任务分解为小步骤；

👍 使用 AI 生成个性化的时间表和提醒；

👍 每天回顾完成情况，分析成功和失败原因；

👍 调整计划，使其更符合小 Q 的实际情况。

渐渐地，小 Q 发现自己不再像以前那样拖延了。

"最神奇的是，"小Q惊喜地说，"当我提前完成任务，没有最后一刻的慌乱时，我居然感到……快乐？"

"这就是'超前完成'的意外奖励，"DeepSeek解释，"大脑释放的不是逃避的短暂愉悦，而是成就感带来的持久满足。"

从AI辅助到自主管理

一个月后，小Q已经能够相当独立地规划和执行自己的学习计划。

"我发现一个有趣的事情，"小Q对DeepSeek说，"一开始我需要你帮我制订详细计划，提醒我执行。但现在，我自己就能判断任务优先级，分解步骤，甚至预测可能的障碍并提前应对。"

"恭喜你！这正是最终目标，"DeepSeek回应，"AI的作用不是永远替你做决定，而是帮助你发展自己的'内部规划师'。你正在从'被管理'过渡到'自我管理'，这是最宝贵的能力。"

小Q自信地说："我想我已经不再是那个'拖延大师'了！"

"记住，管理时间不是为了变成学习机器，而是为了掌控自己的

生活,"DeepSeek 总结道,"当你能够按计划行动时,你就拥有了真正的自由——选择如何度过宝贵时间的自由。"

【拖延克星挑战】

尝试这些活动,开始你的"告别拖延"之旅。

1. 拖延类型测试:思考你最常拖延的是哪类任务?是因为怕做不好?觉得无聊?还是不知从何开始?

2. 2分钟原则:从今天开始,任何能在2分钟内完成的事情,立即行动。

3. 小步骤计划:选择一个你一直拖延的大任务,将它分解成5个小步骤,每步不超过30分钟。

4. 无干扰实验:尝试一次25分钟的完全无干扰学习(手机放在另一个房间),感受专注的力量。

记住:拖延是习惯,不是命运。只要正确的方法和持续的实践,每个人都能成为自己时间的主人!

第三章

生活大爆炸！DeepSeek 变身超级玩伴

3.1 假期规划师 → 假期嗨翻天：一秒搞定完美出游计划

"啊——假期又要来了，但我该干什么好呢？"小 Q 盯着日历发愁。每次假期他都是"睡到自然醒、打游戏、刷视频"的三部曲，结果假期总是不知不觉就溜走了，留下满满的遗憾。

这时，DeepSeek 出现了："需要一个超酷的假期计划吗？包在我身上！"

看看 AI 规划有多厉害！

案例：小 Q 的"三天 mini 冒险"

小 Q 问："DeepSeek，我有 3 天时间和 200 元预算，想在城市周边玩点刺激又长知识的活动。"

DeepSeek 立刻给出规划：

👍 第一天：早上骑行到城市公园，带午餐野餐（花费 30 元）；下午参观科技馆（学生票 40 元）。

👍 第二天：参加社区组织的一日义工（免费午餐），晚上露天电影（20 元）。

👍 第三天：徒步到附近山丘，进行生态探索和摄影（交通费 30 元）；晚上用剩余预算 80 元与朋友共享美食。

这个计划既有户外活动，又有知识探索，还留出了社交时间，简直完美！

超级魔法：让你的问题更精彩

想得到更惊艳的假期计划？试试这些问法：

👍 我想要一半时间放松，一半时间学新技能的假期计划。

👍 能设计一个适合拍酷炫短视频的一日游吗？

👍 如何在 3 天内体验 5 种我从未尝试过的活动？

轮到你了！挑战时间

现在，拿出纸笔（或者打开手机备忘录），尝试向 DeepSeek 提出你的假期规划问题。记得包含假期长度、你的兴趣爱好、预算限制、任何特殊要求。

然后看看 DeepSeek 能为你创造什么样的精彩假期！

智慧提示

记住，DeepSeek 是你的规划助手，不是指挥官！最终决定权在你手中。

通过与 DeepSeek 合作规划假期，你不仅能度过一个超精彩的假期，还能锻炼决策能力、时间管理和预算控制——这些可都是未来生活中的超能力哦！

准备好了吗？和 DeepSeek 一起，把平凡假期变成难忘冒险吧！

3.2 兴趣培养室→兴趣爆棚站：发掘你不知道的隐藏天赋

"唉，我真的不知道自己对什么感兴趣。"小Q叹了口气，看着其他同学各有所长——有人弹钢琴，有人画漫画，有人踢足球。而她？似乎什么都只是"还行"，没有特别突出的爱好。

这时，DeepSeek出现了："嘿，每个人都有隐藏的天赋，只是需要正确的方式去发现它！"

被埋没的兴趣宝藏

你知道吗？很多天才的故事都始于一次偶然的发现：

1. 贝多芬9岁才开始学习音乐；

2. 爱因斯坦小时候被认为"学习迟缓"；

3. J.K.罗琳30岁才开始写《哈利·波特》。

也许你的超能力也在等待被发现！

DeepSeek如何成为你的兴趣探测器？

与传统"兴趣测试"不同，DeepSeek不只问你"喜欢什么"，而是通过智能对话发掘你自己都没注意到的潜在兴趣。

> **Plain Text**
> 你：DeepSeek，我不知道自己对什么感兴趣。
> DeepSeek：让我们来玩个游戏！想象明天是完全自由的一天，你会怎么度过？
> 你：可能会看看科幻电影，玩游戏，或者整理我的贝壳收藏……
> DeepSeek：贝壳收藏？这很有趣！你对海洋生物学、地质学或者生物多样性保护可能有潜在兴趣……

"兴趣雷达"四步走

要让 DeepSeek 帮你探索潜在兴趣，试试这四步法：

1. **收集线索**：告诉 DeepSeek 你平时喜欢做什么，哪些事情会让你忘记时间。

2. **拓展联想**：让 DeepSeek 推荐与你兴趣相关但你没尝试过的领域。

3. **微型尝试**：从 DeepSeek 获取 5 分钟就能开始的入门活动。

4. **反馈循环**：分享你的体验，让 AI 调整推荐方向。

兴趣发现实战案例

案例 1：游戏少年变编程达人

小 Q 告诉 DeepSeek 他喜欢玩沙盒游戏和解谜游戏。DeepSeek 建议他可能对编程有天赋，并推荐了几个专为青少年设计的编程入门项目。两个月后，小 Q 创建了自己的第一个小游戏！

案例 2："不擅长运动"的舞蹈天才

体育课总是垫底的小芳在与 DeepSeek 交流后，发现自己对节奏和音乐很敏感。DeepSeek 推荐她尝试街舞，没想到她找到了自己的热情所在！

你的兴趣探索挑战

拿出纸笔（或手机备忘录），完成这些问题，然后与 DeepSeek 分享：

1. 列出 3 件你做起来会忘记时间的事。

2. 你小时候（更小的时候）喜欢玩什么？

3. 如果你有一整天自由时间，会做什么？

4. 你经常在手机 / 计算机上搜索哪些话题？

5. 有什么事是你好奇但从未尝试的？

把这些回答告诉 DeepSeek，然后问："根据这些信息，你认为我可能对哪些领域有潜在兴趣？"

从发现到培养：打造你的兴趣成长计划

发现潜在兴趣后，请 DeepSeek 帮你制订"微行动计划"：

1. 每天只需 10~15 分钟；

2. 从最基础开始；

3. 设定有趣的小目标；

4. 寻找同好社区。

兴趣探索黄金法则

1. **保持开放心态**：有时最棒的兴趣是你从未想过的领域。

2. **不要急于评判**：给每个新尝试至少三次机会。

3. **享受过程**：真正的兴趣是你享受学习的过程，而不只是结果。

4. **允许变化**：兴趣会随年龄和经历发展，这很正常！

通过与 DeepSeek 一起探索，你可能会惊讶地发现：原来我还可以这么酷！那个独特闪光的自己，一直都在那里，只是等待被发现而已。

准备好开始寻宝了吗？你的隐藏天赋，等你来挖掘！

3.3 健康生活顾问 → 活力满满攻略：成为班里最精神的仔

小 Q 最近很郁闷——每天早上赖床 10 分钟，上课时眼皮打架，体育课跑两圈就气喘吁吁，放学回家只想躺平刷手机。

"为什么其他人精力都那么充沛？"小 Q 叹着气打开了 DeepSeek。

"看起来你需要一位健康生活顾问！"DeepSeek 回应道，"我可以帮你成为班里最精神的仔！"

精力满格 VS 电量不足：差别在哪里？

DeepSeek 首先帮小 Q 分析了他为什么总是精力不足。

小 Q 的"电量耗尽"日常：

1. 熬夜刷视频到凌晨 1 点；

2. 早上匆忙起床，不吃早餐；

3. 午餐狂吃炸鸡和薯条；

4. 课间休息只玩手机不活动；

5. 每天喝两瓶含糖饮料；

6. 作业拖到晚上 11：00 才开始。

"难怪你的'电池'总是红色警告状态！"DeepSeek 说，"让我们一起打造你的满格电量计划！"

DeepSeek 的"活力满满三部曲"

第一部：超能睡眠计划

"睡眠就像手机充电，不充满怎么有精神！"

DeepSeek 给小 Q 制定的新睡眠规则：

1. 固定时间睡觉（最晚 10：30）和起床（6：30）；

2. 睡前 1 小时不看手机（蓝光会骗大脑以为是白天）；

3. 睡前 5 分钟深呼吸放松；

4. 周末不要比平时晚睡超过 1 小时。

小 Q 问："为什么我需要那么多睡眠？"

DeepSeek 解释："你的大脑正在飞速发育，需要足够的时间清理'垃圾文件'和'系统更新'。青少年每天需要 8~10 小时睡眠才能达到'满血复活'状态！"

第二部：能量补给站

DeepSeek 创建了"小 Q 的超能量食谱清单"：

1. 早餐必吃燕麦＋牛奶＋香蕉；

2. 课间小饿尝试坚果、水果而非薯片巧克力；

3. 多喝水（每天至少 6~8 杯）；

4. 将含糖饮料限制到每周最多 2 次；

5. 午餐增加蔬菜和蛋白质，减少油炸食品。

"食物就像游戏里的道具，选对了能增加能量值和特殊技能！"DeepSeek 用小 Q 喜欢的游戏语言解释道。

第三部：动起来大法

"我讨厌运动，总觉得累！"小 Q 抱怨道。

"那是因为你还没找到对的方式！"DeepSeek 回答道。

DeepSeek 帮小 Q 创建的动起来攻略：

1. 每学习 30 分钟，站起来活动 5 分钟；

2. 课间绕着操场走一圈（可以边走边和朋友聊天）；

3. 尝试"桌下运动"——坐着时做踝关节转动、腿部伸展；

4. 下载一个有趣的运动 APP，将运动游戏化；

5. 每周尝试一种新运动，找到自己喜欢的。

小 Q 的 21 天活力革命

在 DeepSeek 的指导下，小 Q 开始了他的健康生活挑战。

第 1~第 3 天："戒断反应"阶段。早睡感觉浪费时间，没有含糖饮料感觉嘴里没味，强制活动感觉好累。小 Q 几次想放弃。

第 4~第 10 天："适应期"。身体开始调整，小 Q 发现早上醒来不再需要闹钟，课堂上能集中注意力的时间变长了。

第 11~第 21 天："活力爆发期"。小 Q 惊讶地发现：

1. 早上醒来感觉神清气爽；

2. 课堂上能全程保持注意力；

3. 下午不再昏昏欲睡；

4. 体育课跑步不再气喘吁吁；

5. 皮肤变好了，熊猫眼消失了；

6. 情绪更稳定，不再动不动就烦躁。

最意外的收获：学习效率大幅提升！以前需要 2 小时完成的作业，现在 1 小时就能搞定，还更加准确！

你的活力自测与挑战

想知道自己的"活力指数"吗？回答以下问题：

1. 早上起床需要闹钟叫几次才能爬起来？

2. 上课时能保持专注多长时间？

3. 每天喝几杯水？几杯含糖饮料？

4. 一周运动几次？每次多长时间？

5. 晚上几点睡觉？

把你的回答告诉 DeepSeek，请它帮你评估"活力指数"并制定专属计划！

7 天活力挑战

准备好成为班里最精神的仔了吗？尝试这个 7 天挑战：

1. 连续 7 天在同一时间睡觉和起床；

2. 每天喝够 6 杯水，记录在便利贴上；

3. 每学习 30 分钟，活动 5 分钟；

4. 用一个表格记录每天的精力水平（1~10 分）；

5. 一周后，对比第一天和第七天的差异。

小 Q 现在是班里精力最充沛的学生之一，连老师都好奇他的"秘密武器"。"其实没什么秘密，"小 Q 笑着说，"只是我有了一个超级健康顾问——DeepSeek！"

你也想拥有源源不断的活力吗？让 DeepSeek 成为你的健康顾问，开启你的活力满满人生吧！

3.4 【创意工坊】→【酷玩实验室】打造专属游戏：做自己的游戏设计师

"又一次！游戏结束！"小Q丢下手柄，叹了口气。这是他这周玩的第五款游戏了，但每款都让他觉得少了点什么。

"要是能有一款完全按照我的想法设计的游戏就好了，"小Q自言自语，"但我又不会编程，也不会画画……"

正当小Q沮丧之际，他想起了DeepSeek，"嘿，DeepSeek，我能自己设计游戏吗？虽然我不会写代码？"

"当然可以！"DeepSeek回答，"每个游戏设计师都是从零开始的。让我们一起打造你的第一款游戏吧！"

从玩家到创造者：游戏设计初体验

DeepSeek首先告诉小Q一个重要秘密：所有游戏，从《我的世界》到《王者荣耀》，都始于一个简单的创意。

"游戏设计就像搭乐高，"DeepSeek解释道，"你不需要一开始就造出宏伟城堡，可以先从基础积木开始！"

游戏设计的四大基石。

1. 游戏创意：你想讲什么故事？解决什么问题？

2. 游戏规则：玩家如何互动和获胜？

3. 游戏资源：需要什么角色、场景和道具？

4. 玩家体验：玩起来感觉如何？好玩吗？

小 Q 惊讶地发现："原来游戏设计不一定要从写代码开始！"

小 Q 的游戏设计之旅

第一站：创意风暴

小 Q 向 DeepSeek 描述了他的初步想法："我想做一个有关环保的游戏，但不要太说教……"

DeepSeek 帮他进行创意扩展：

```Plain Text
DeepSeek：试着回答这些问题。
1. 你的游戏中，玩家是谁？（环保侠？科学家？）
2. 玩家面临什么挑战？（收集废物？对抗污染怪兽？）
3. 游戏的目标是什么？（清理海洋？建造生态城市？）
```

经过一番头脑风暴，小 Q 决定做一个名为《生态守护者》的游戏，玩家需要在限定时间内收集垃圾并正确分类，同时应对突发"污染事件"。

第二站：游戏规则设计

"规则太简单会无聊，太复杂又难上手，怎么办？"小 Q 皱眉问道。

DeepSeek 提供了"规则平衡三步法"：

1. 写下基础规则（最简单版本）；

2. 添加一些挑战元素（时间限制、障碍等）；

3. 加入奖励机制（积分、升级、特殊能力）。

小 Q 在 DeepSeek 的帮助下设计出规则：

1. 玩家有 60 秒时间收集并分类垃圾；

2. 正确分类得分，错误分类扣时间；

3. 每收集 10 件获得"生态技能"（延长时间、加倍得分等）；

4. 随机出现"污染事件"（油轮泄漏、塑料风暴等）需紧急处理。

第三站：从创意到现实

"规则有了，但我怎么把游戏做出来呢？"小 Q 问。

DeepSeek 推荐了几种适合初学者的方法。

1. 纸板游戏版本：用卡片和棋子制作实体游戏；

2. 无代码游戏工具：使用 Scratch、RPG Maker 等工具用拖拽方式制作；

3. 游戏创作平台：如 Roblox、Core 等提供现成资源的平台。

DeepSeek 帮小 Q 设计了纸板游戏：

1. 游戏板（一张分区的"城市地图"）；

2. 垃圾卡片（不同类型的废物）；

3. 事件卡（随机抽取的挑战）；

4. 计分表和规则说明书。

从失败中学习：游戏测试与改进

小 Q 邀请朋友们测试他的游戏，却有不尽如人意的结果。

1. 规则太复杂了！

2. 时间太短，根本完成不了任务！

3. 分类标准不清楚。

小 Q 有些沮丧，但 DeepSeek 鼓励他：

"恭喜你！你刚经历了专业游戏设计师每天都在经历的事情，第一版游戏几乎总是需要调整的。这不是失败，而是进步的必经之路！"

在 DeepSeek 的指导下，小 Q 修改了游戏：

1. 简化了规则，清晰标记垃圾类别；

2. 调整了时间限制和难度曲线；

3. 增加了教程环节和视觉提示。

第二次测试，朋友们玩得不亦乐乎！

从纸上到屏幕：游戏进阶之路

尝到成功滋味的小 Q 对 DeepSeek 说："我想把这个游戏做成手机版！"

DeepSeek 向他介绍了 Scratch 这类适合青少年的编程平台，还帮他分解了任务：

1. 学习基础界面操作（2 小时）；

2. 创建游戏主角和场景（3小时）；

3. 设计基本交互环节（4小时）；

4. 添加计分和关卡（5小时）。

"看起来工作量很大……"小 Q 有些犹豫。

"但你可以每天只完成一小步，"DeepSeek 鼓励道，"伟大的游戏都是由小步骤累积而成的。关键是开始，然后坚持！"

你也能成为游戏设计师！

想要设计自己的游戏？试试这个简单三步走。

1. **创意收集**：向 DeepSeek 描述你想做的游戏类型，让 AI 帮你拓展创意。比如：

```
Plain Text
"我喜欢冒险和解谜，想做一个关于探索古代遗迹的游戏。"
```

2. **快速原型**：在正式制作前，用纸笔或简单工具制作原型。问 DeepSeek：

```
Plain Text
"如何用最简单的方式测试我的游戏创意是否有趣？"
```

3. **循序渐进**：从最简单版本开始，逐步添加功能。让 DeepSeek 帮你：

```
Plain Text
"请帮我把游戏创意分解成小任务，以便我能一步步完成。"
```

小 Q 的《生态守护者》现在已经成为学校科技展的明星项目，还有老师建议用它来辅助环保教育！

"从玩游戏到做游戏，感觉完全不同，"小 Q 笑着告诉 DeepSeek，"我发现创造比消费更有成就感！"

游戏世界等待你的创意！准备好和 DeepSeek 一起，从玩家变身游戏设计师了吗？你的第一款游戏，或许就是下一个"现象级"爆款！

第四章

人缘暴涨秘诀！DeepSeek 教你成为社交达人

4.1 沟通魔法师→沟通无障碍：让所有人都想和你做朋友

"小 Q，这次小组讨论你又没怎么发言……"放学后，老师温和地提醒。

小 Q 叹了口气。这已经是本月第三次被老师"点名"了。不是他不想参与，而是每次想说话，心脏就狂跳，脑子一片空白，话到嘴边却变成了结结巴巴的几个词。

回到家，小 Q 躺在床上刷着社交媒体，看着同学们欢乐的合影。"为什么他们聊天说笑那么容易，而我却像被施了沉默咒语？"

"或许我能帮上忙。"DeepSeek 的回应让小 Q 眼前一亮。

沟通障碍大扫描

"我感觉自己像个'隐形人'，"小 Q 坦白，"想表达却不知道怎么开口，别人说话我也不知道该怎么接……"

DeepSeek 帮小 Q 分析了他的"沟通障碍地图"。

1. 发言恐惧症：害怕说错话被嘲笑。

2. 表达不清综合征：想法很多，却不知如何组织语言。

3. 过度思考症：纠结于"该不该说"而错过表达时机。

4. 反应迟缓症：想到好的回应时，话题已经变了。

"原来我不是孤独的！"小 Q 发现自己的困扰其实很常见，这让他松了一口气。

沟通超能力启动计划

DeepSeek 设计了一套"沟通超能力"训练计划，每项都像游戏任务一样有趣。

超能力一：超级接收器（倾听力）

"沟通不只是说，更是听，"DeepSeek 解释，"你知道为什么李明总能和任何人聊得来吗？因为他是个'超级倾听者'。"

DeepSeek 制定了训练任务：

1. 与人交谈时，暂时"锁定"自己的手机；

2. 用眼神和点头示意你在听；

3. 尝试复述对方的关键点，确认理解无误；

4. 提出相关问题，展示你的关注。

小 Q 尝试在与妈妈聊天时应用这些技巧，惊讶地发现："妈妈说我终于不是'左耳进右耳出'了！"

超能力二：思想清晰剂（表达力）

"为什么有时候脑子里有想法，说出来却乱七八糟？"小 Q 问。

DeepSeek 传授了"三部曲表达法"。

1. 核心句：用一句话说出最重要的点。

2. 举例说明：用具体例子支持你的观点。

3. 总结延伸：简短总结并引出下一话题。

例如，谈论一部电影，"这部影片太震撼了（核心）。特别是那场太空救援戏，特效超逼真（例子）。你看过类似的科幻片吗？（延伸）"

超能力三：情绪雷达（读懂他人）

"有时我不明白别人为什么突然不高兴……"小 Q 困惑道。

DeepSeek 教他观察非语言线索：

1. 交叉手臂可能表示防御或不认同；

2. 频繁看手机可能表示无聊；

3. 微笑但眼睛不笑可能是礼貌性回应。

小 Q 练习后惊讶地发现："原来我一直误解了班长，她不是高冷，而是害羞！"

社交场景实战指南

DeepSeek 为小 Q 准备了常见社交场景的"对话公式"。

场景一：加入一个正在聊天的小组

1. 先倾听几分钟，了解话题。

2. 用问题或相关评论平稳切入："你们在聊篮球赛啊？昨天那个绝杀真精彩！"

3. 避免突然转换话题或只顾表达自己。

场景二：与不熟悉的人聊天

1. FORM 公式：家庭 (Family)、职业 (Occupation)、娱乐 (Recreation)、梦想 (Mission)。

2. 真诚提问比炫耀自己更能建立联系。

3. 分享一些有趣但不过于私人的信息。

场景三：处理尴尬或冲突

1. 承认并轻松化解尴尬："哇，刚才有点尴尬，不过挺有趣的！"

2. 用"我"陈述而非"你"指责："我感到困惑"比"你这么做不对"更有效。

3. 给自己和对方留台阶："我们可能理解有偏差，你是想表达……吗？"

小 Q 的沟通蜕变

经过几周练习，小 Q 的变化令人惊喜：

1. 小组讨论中主动发言次数增加了 3 倍；

2. 成功化解了与好友的一次误会；

3. 被邀请参加同学的生日聚会（第一次）；

4. 上周的课堂发言获得了老师的表扬。

小 Q 发现："原来别人并不会因为我说错话就嘲笑我，大家其实挺包容的。最可怕的敌人是我自己的担忧。"

你的沟通魔法学院

想提升自己的沟通能力，试试这个简单测试：

1. 你更擅长说还是听？

2. 你最怕什么样的社交场景？

3. 当对话陷入沉默，你通常怎么做？

把回答告诉 DeepSeek，它会为你定制专属沟通训练计划！

例如：

> **Plain Text**
> 你：DeepSeek，我很擅长听，但不善于开启话题，尤其是紧张时会结巴。
> DeepSeek：我为你设计的第一个练习是"话题银行"……

记住 DeepSeek 的金玉良言：

"没有天生的社交达人，只有不断练习的沟通大师。每一次尝试，即使不完美，也是成长。最好的时机不是'等我准备好了'，而是'就是现在'！"

准备好了吗？和 DeepSeek 一起，解锁你的沟通超能力，让每一次交流都成为连接的桥梁！

4.2 团队合作秘籍 → 团队合作王牌：成为小组里的超级队长

"小 Q，你来当这次科学展的小组长吧！"老师的一句话让小 Q 心跳加速。

"我……我可以考虑一下吗？"小 Q 结结巴巴地回答。

回家后，他立刻向 DeepSeek 求助："我该怎么领导一个小组？我连自我介绍都会脸红！"

团队解剖图：认识你的"战队"

DeepSeek 请小 Q 分析他的小组成员。

1. 小美：点子多，热情高，但容易半途而废。

2. 大壮：执行力强，但不爱发言，常独自行动。

3. 文文：细心负责，但过度完美主义，进度慢。

4. 阿杰：幽默风趣，但经常迟到，拖延成瘾。

"这不是一盘散沙，而是一支潜力股！"DeepSeek 鼓励道，"每个人都有独特的优势，关键是如何让这些优势协同发挥！"

超级队长启动计划

DeepSeek 设计了"超级队长五部曲",帮助小 Q 从零开始。

第一步:目标明确化

"团队就像一艘船,没有明确的目的地,任何风都不是顺风。"DeepSeek 解释道。

小 Q 学会了如何拆解大目标为小任务:

1. 确定科学展的最终作品(太阳能小车);

2. 列出需要完成的关键部分(设计、材料收集、制作、测试、展示);

3. 设定每周"小胜利"目标,而非只关注最终期限。

第二步:超能力识别器

"每个队员都是独特的超级英雄,拥有不同的能力。"DeepSeek 教小 Q 如何识别队员优势。

小 Q 召开了第一次会议,不是直接分工,而是先玩了一个"超能力测试"游戏:

1. 请每个人分享过去最得意的项目经历；

2. 每个人说出自己最喜欢和最不喜欢的任务类型；

3. 讨论每个人理想的工作方式（独立还是合作？早上还是晚上？）。

结果令小Q惊讶：原来文文虽内向却有超强的美术功底，阿杰虽常迟到但演讲能力一流！

第三步：任务分配魔法

"分配任务不是平均分配，而是优势匹配。"DeepSeek指导道。

小Q根据大家的优势制定了完美方案：

1. 小美负责创意和初步设计（发挥她的创造力）；

2. 大壮负责材料采购和主体制作（发挥他的执行力）；

3. 文文负责细节完善和美化（发挥她的细心和美术功底）；

4. 阿杰负责最终展示和演讲（发挥他的表达能力）；

5. 小Q自己则担任协调者，确保各部分顺利衔接。

第四步：沟通畅通术

"团队最大的敌人不是困难，而是误解。"DeepSeek指导道。

DeepSeek教给小Q几个实用技巧：

1. 建立小组聊天群，每晚分享今日进度、明日计划、遇到的问题；

2. 创建共享文档，随时更新项目进展；

3. 设立每周15分钟的"闪电会议"，快速同步信息；

4. 问题解决公式：描述现状→提出需求→邀请建议。

小Q还学会了"三明治反馈法"：表扬-建议-鼓励。当文文负责的部分需要修改时，他这样说："你的设计非常精美，如果能简化一些细节可能更便于制作，我相信以你的才华一定能找到平衡点！"

第五步：危机处理大师

"优秀的队长并不是没有问题，而是善于解决问题。"DeepSeek 帮小 Q 准备了应对常见危机的策略：

当阿杰又一次迟交素材时，小 Q 没有指责他，而是私聊了解原因，发现原来是他家里有事。小 Q 帮他调整了时间表，并找大壮临时支援。

当小美和文文对设计产生分歧时，小 Q 组织了一次"创意投票"，让大家都参与决策，最终找到了折中方案。

从混乱到默契：小 Q 的团队蜕变

经过几周的实践，小 Q 的团队发生了奇妙变化。

第一周：混乱期。大家互不信任，各自为政。小 Q 试着应用 DeepSeek 的建议，但进展缓慢。

第二周：调整期。任务分配更合理后，效率开始提升。团队首次赶在截止日期前完成周目标！

第三周：高效期。团队成员开始主动沟通，互相支援。例如，大壮发现问题会直接联系小美讨论解决方案，而不是等小 Q 协调。

第四周：默契期。大家不需要详细指令就能高效合作。小美提出创意，文文完善细节，大壮迅速落实，阿杰准备精彩演示。

成果揭晓日，他们的太阳能小车不仅获得了学校科学展一等奖，还被推荐参加市级比赛！老师惊讶地问小 Q："你是怎么让这么不同的同学合作得如此默契的？"

小 Q 笑而不答，他知道秘密武器是 DeepSeek 传授的团队合作秘籍。

你也能成为超级队长！

想要提升自己的团队领导力可以试试这些 DeepSeek 推荐的实用秘籍。

秘籍一：团队角色自测

思考：你是创意型、执行型、分析型还是协调型？每种类型都有其独特价值！

秘籍二：一分钟会议模板

1. 我们的目标是什么？

2. 每个人今天要完成什么？

3. 有什么阻碍需要帮助？

4. 下次会议时间？

秘籍三：任务分配公式

任务匹配 = 个人优势 + 个人兴趣 + 成长空间

秘籍四：冲突解决四步法

1. 倾听双方观点（不打断）。

2. 寻找共同点（强调共同目标）。

3. 提出折中方案（满足核心需求）。

4. 达成行动协议（明确下一步）。

小 Q 最大的收获不只是那个科学奖，而是发现："团队合作不是让所有人变得一样，而是让不同的人朝同一个方向前进。每个人都重要，包括曾经不自信的我。"

准备好成为下一个超级队长了吗？和 DeepSeek 一起，点亮你的团队合作技能！不管是学校项目、社团活动还是将来的职场挑战，这些技能都会让你脱颖而出！

4.3 数字世界安全指南 → 网络安全护身符：智斗骗子保护自己

"哇！小Q！我刚在游戏里遇到一个超厉害的玩家，他说可以免费给我皮肤，只要我把账号借给他一下！"小明兴奋地告诉小Q。

小Q皱了皱眉："等等，这听起来有点不对劲……"

"有什么不对？他都发了截图给我看了！"小明不以为然。

就在这时，小Q想起了前几天与DeepSeek的对话。

数字世界的"狼来了"

小Q告诉DeepSeek："我朋友可能要上当了！有人想骗他的游戏账号……"

"这是典型的社交工程攻击，"DeepSeek解释道，"数字世界中的'大灰狼'不会直接吹倒你的房子，而是会假装成你的朋友，骗你开门。"

小Q好奇地问："数字世界有哪些常见的'大灰狼'呢？"

DeepSeek展示了一张"网络诈骗图鉴"。

1. **钓鱼攻击**：假装是可信来源（银行、游戏公司等）诱导你泄露信息。

2. **免费陷阱**：用"免费"诱饵引诱你点击恶意链接或下载病毒。

3. **冒充好友**：黑客入侵他人账号或冒充熟人索要钱财或信息。

4. **虚假中奖**：声称你中了大奖，但需要先支付"手续费"。

5. **社交诱骗**：通过建立友谊或感情骗取信任，进而实施诈骗。

"这些都太狡猾了！"小 Q 感叹道，"我们怎么保护自己？"

网络安全超能力训练营

DeepSeek 设计了一套"网络安全超能力"训练计划，让小 Q 从"网络小白"进化为"安全大师"。

超能力一：钓鱼雷达（识别诈骗）

"在点击任何链接或下载前，先问自己这些问题。"DeepSeek 指导道。

1. 这个消息让我感到紧急或恐慌吗？
2. 对方是在提供"天上掉馅饼"的好事吗？
3. 有拼写错误或奇怪的邮箱地址吗？
4. 对方要求我提供个人信息或密码吗？

小 Q 学会了一个简单口诀："太急、太好、太怪、要密码，这四点至少中一个，十有八九是钓鱼。"

实战演练：DeepSeek 发给小 Q 几封真假难辨的邮件，让他识别哪些是钓鱼邮件。小 Q 一开始只答对了 60%，但通过训练，准确率提高到了 90%！

超能力二：密码铁壁（账号安全）

"你的密码是保护数字城堡的城墙，"DeepSeek 比喻道，"太简单的密码就像纸做的城墙。"

小 Q 学会了高级密码技巧：

1. 使用密码管理器生成和存储复杂密码；

2. 为重要账号开启双因素认证（"知道 + 拥有"双重保护）；

3. 定期更换密码，不同平台使用不同密码；

4. 创建强密码公式，喜欢的句子首字母 + 数字 + 特殊符号。

例如，"我最喜欢的宠物是一只叫小花的猫，它今年 3 岁" → "Wzxhdcwsyzjxhdm,tjn3s!"

小 Q 惊讶地发现："这样的密码既复杂又容易记！"

超能力三：隐私护盾（个人信息保护）

"个人信息就像拼图，"DeepSeek 警告，"骗子收集的碎片越多，冒充你的可能性就越大。"

小 Q 学会了保护隐私的技巧：

1. 社交媒体隐私设置全面检查；

2. 不在公开平台分享学校、家庭住址、日常行程等；

3. 注册网站时只提供必要信息，拒绝无关请求；

4. 定期搜索自己的名字，检查是否有信息泄露。

"我刚刚检查了我的社交账号，"小 Q 震惊地说，"我的生日、学校和家庭照片全都对陌生人可见！我要立刻修改！"

超能力四：病毒侦察兵（恶意软件防护）

"恶意软件就像数字世界的细菌，"DeepSeek 解释，"需要良好的'数字卫生习惯'来预防。"

小 Q 掌握了防护技能：

1. 只从官方应用商店下载应用；

2. 不点击来源不明的附件；

3. 保持系统和应用定期更新；

4. 安装可靠的安全软件。

实用工具：DeepSeek 推荐了几款适合青少年的安全工具和家长控制应用，帮助小 Q 构建全面防护网。

实战案例：拯救小明行动

武装了这些知识后，小 Q 再次联系小明，发现情况更严重了：

"那人说如果我今天不给账号，明天就没免费皮肤了！我正准备把密码发给他……"

小 Q 立即行动：

1. 向小明展示类似诈骗的新闻案例；

2. 解释游戏公司从不要求玩家共享账号密码；

3. 提议一起联系游戏客服确认（事实证明是诈骗）；

4. 帮助小明设置了更强的密码和双因素认证。

小明的账号安全了！更重要的是，小明见识了小 Q 的网络安全技能，还请小 Q 教他相关技能。

数字世界的明智冒险家

通过与 DeepSeek 的学习，小 Q 意识到："网络安全不是要让我们害怕数字世界，而是让我们成为更明智的冒险家。就像学会游泳不是为了永远不下水，而是为了安全地享受游泳的乐趣！"

小 Q 现在是班上公认的"网络安全达人",经常帮助同学识别诈骗信息。他的座右铭是:"在数字世界,怀疑和警惕是最好的护身符。"

准备好成为下一个网络安全高手了吗？和 DeepSeek 一起,构建你的数字安全护盾,安全游览精彩的网络世界!

记住:成为数字原住民很酷,但成为安全的数字公民更酷!

你的网络安全挑战

想测试你的网络安全意识吗？尝试这个快速测验。

1. 一条消息说:"您的账号有风险,立即点击链接验证",你应该（　　）。

A. 立即点击链接

B. 直接忽略

C. 登录官方网站检查账号状态

2. 创建密码最重要的是（　　）。

A. 简单易记　　　B. 包含个人信息　　　C. 复杂且独特

3. 公共 Wi-Fi 网络上最好不要（　　）。

075

A. 浏览普通网站

B. 登录银行或支付账号

C. 看视频

将答案告诉 DeepSeek，看看你的网络安全级别吧！

4.4 【社交实验】→【高能互动】社交困境大破解：尴尬情况一键化解

"啊啊啊啊啊！DeepSeek，我想把自己埋起来！"小 Q 抱着枕头哀嚎。

"发生什么了？"DeepSeek 好奇地问。

"我在班级演讲时，叫错了校长的名字，全班都笑了！我明天还怎么去学校啊？"小 Q 把脸深深埋进枕头里。

DeepSeek 轻声说："听起来是个典型的社交尴尬时刻。你知道吗？每个人平均每周都会经历至少 7 次尴尬情况，只是大多数人学会了如何应对。"

小 Q 抬起头："真的吗？那……你能教我怎么应对吗？"

DeepSeek 眨了眨眼："我们来做个社交实验吧！"

社交实验室开启

DeepSeek 设计了一系列"尴尬情境模拟器"，帮助小 Q 练习应对各种社交困境。

实验：学校尴尬救援行动

DeepSeek 先展示了三个常见的校园尴尬场景及其"尴尬指数"（满分10分）。

👍 场景 A：公开出错 **（尴尬指数：8.5/10）。

情境：在全班面前回答问题说错了 / 摔倒了 / 衣服出状况了。

👍 场景 B：被孤立冷场 **（尴尬指数：7.5/10）。

情境：讲笑话没人笑 / 加入谈话后大家突然安静。

👍 场景 C：社交失误 **（尴尬指数：9/10）。

情境：忘记同学名字 / 误发信息 / 误会他人意思。

"我全中！"小 Q 哭笑不得，"特别是场景 A，就是我今天的悲剧！"

DeepSeek 启动了"尴尬脱身三步法"。

步骤 1：正视不逃避

"假装没发生只会让尴尬加倍，"DeepSeek 解释，"简单承认反而能迅速降温。"

步骤 2：幽默化解法

"自嘲是最强大的武器。把尴尬转化为笑料，你就夺回了场景控制权。"DeepSeek 解释道。

步骤 3：迅速转移焦点

"承认后立即引导话题前进，不要沉浸在尴尬中。"DeepSeek 解释道。

第二天小 Q 这样处理：

"对不起校长，看来我太紧张了！这下我肯定不会忘记您的名字了——被全班笑的教训太深刻了！（微笑）好，接下来我要讲的是我们环保项目的三个创新点……"

实验结果：第二天，小 Q 的坦然应对反而赢得了掌声，校长还开玩笑说"至少你记住了我是校长"，引得全班又笑起来，但这次是善意的笑声。

尴尬应对实战指南

指南一：家庭版尴尬应对术

当小 Q 的妈妈在亲戚面前展示他幼儿园的尴尬照片时，DeepSeek 给出了建议。

1. 加入而非对抗："那时我超可爱的，不过你们看这照片前，得先看看我最新的科学竞赛奖杯！"

2. 转移目标法："妈，你还记得你高中时的那次演出吗？姑姑说视频她还留着呢！"

指南二：社交聚会急救包

DeepSeek 为小 Q 准备了一套社交急救工具。

1. 万能破冰问题："最近有看什么好看的电影/动漫/比赛吗？"

2. 忘名字补救："好久不见！最近怎么样？"（大多数人会重新自我介绍）

3. 冷场填充器："说起这个，我前几天看到一个有趣的事情……"

小 Q 特别喜欢"三秒规则"，即尴尬发生时，心中数三秒，提醒自己：三天后，没人会记得这件事；三个月后，连你自己都会觉得好笑。

互动挑战：你会怎么做？

你遇到这些情况会怎么应对，选择或创造你的解决方案！

情境 1：在安静的教室里，你的肚子突然咕噜咕噜叫了起来。

A. 假装什么都没发生，死死盯着书本

B. 笑着说"看来有人饿了！不好意思打断大家"

C. 你的方案：_____

情境 2：你在朋友圈发了一条本想私发的吐槽，被评论的人看到了。

A. 立刻删除并装作从未发生

B. 坦诚道歉并私信解释

C. 你的方案：＿＿＿＿＿＿

尝试一下，然后问 DeepSeek 哪种方案更有效！

尴尬科普小知识

DeepSeek 向小 Q 解释了"聚光灯效应"——我们总觉得所有人都在注意我们的尴尬，但实际上：

1. 大多数人忙着担心自己的表现而非关注你；

2. 你感受到的尴尬强度通常是旁观者感受的 3 倍；

3. 研究表明，坦然面对小失误的人反而被认为更加自信和亲和。

实验成果：小 Q 的蜕变

经过一个月的"尴尬应对训练"，小 Q 发现：

1. 他在课堂上发言的次数增加了一倍；

2. 当他在篮球赛中投球脱手飞向观众席时，他没有羞愧离场，而是鞠躬道歉并开玩笑说"我下次会提前卖票的"；

3. 最重要的是，他不再被尴尬困扰，反而有几次主动讲述自己的糗事，赢得了同学的欢笑和认同。

"我发现了一个秘密，"小 Q 告诉 DeepSeek，"敢于面对尴尬的人，反而很少陷入真正的尴尬。"

DeepSeek 笑着回应："没错！社交高手不是从不尴尬的人，而是能优雅应对尴尬的人。"

准备好接受你的社交困境挑战了吗?

记住:尴尬只是一个瞬间,勇气和幽默才是持久的魅力!

向 DeepSeek 提问:分享你最尴尬的经历,看看 AI 能给出什么创意十足的应对方案!

第五章

穿越未来！DeepSeek 带你预见 2040

5.1 科技前沿观察站→科技剧透站：偷看未来世界的酷炫黑科技

"DeepSeek，2040 年的世界会是什么样子？"一个闷热的午后，小 Q 躺在床上，漫不经心地问道。

屏幕上的 DeepSeek 眨了眨眼睛："想知道未来？我有个更好的主意——让我们直接去看看吧！"

"啊？你能穿越时空？"小 Q 瞬间坐直了身体。

"虽然不能真的穿越，但我可以根据当前科技发展趋势、科学家的研究方向和技术发展规律，为你构建一个相对合理的'2040 年预览'。准备好了吗？"DeepSeek 回答道。

小 Q 兴奋地点点头。

【启动未来时光机】

屏幕上出现了一个倒计时：5、4、3、2、1……

"欢迎来到 2040 年，小 Q。现在你 17 岁的妹妹小雨正要出门上学……"

未来日常：小雨的一天

早晨 7:00，小雨的智能手环轻震，播放个性化唤醒音乐。她的生物节律监测显示她已完成一个完整睡眠周期，是理想的起床时间。

"早安，小雨。生物指数 95 分，营养师建议今天早餐增加 10% 蛋白质摄入。"家庭 AI 助手"家家"友好地提示道。

小雨走进厨房，3D 食物打印机已经根据她的健康数据和口味偏好，打印出完美比例的早餐——一个定制化的营养煎饼，表面还有她最爱的动漫角色图案。

"太酷了！"小 Q 忍不住感叹，"未来的早餐都不用人做了？"

DeepSeek 笑道："这只是开始。看看小雨上学的方式……"

小雨走出家门，踏上社区的自动人行道，同时戴上 AR 眼镜。眼镜立刻显示今天的课程表、天气和最快路线。她的好友头像在视野右侧闪烁，表示他们正在附近。

转弯处，一辆没有驾驶员的透明穹顶社区巴士平稳停下。车内，座椅会根据乘客体型自动调整高度和角度。车窗其实是透明显示屏，能展示路线信息或切换成娱乐模式。

"这车用什么能源运行？"小 Q 好奇地问。

"氢燃料和高效太阳能结合。2040 年，大部分城市已经实现了零碳排放交通网络。事实上，你家屋顶的太阳能涂层和社区的小型核聚变站已经能满足日常用电需求了。"DeepSeek 回复。

2040 科技亮点巡礼

全息课堂与脑机接口学习

小雨的学校里，历史老师正通过全息投影重现古罗马元老院的辩论场景，学生们仿佛置身其中。而在科学实验室，学生们用意念控制实验设备，通过轻量级脑机接口进行思维编程。

"这太夸张了吧？"小 Q 质疑道。

"脑机接口在 2020 年起步，到 2040 年，非侵入式脑机接口技术已经能实现基础的意念控制和信息传递。不过完全的'思维编程'确实有些夸张，未来技术发展也需要解决许多伦理和安全问题。"DeepSeek 回答道。

医疗革命：预防胜于治疗

DeepSeek 带小 Q 参观了 2040 年的医院。

"病人……好像很少？"小 Q 问道。

"没错！2040 年的医疗重心已经从治疗转向预防。你可能注意到小雨的智能手环了——它能 24 小时监测数百项生理指标，提前数月预测潜在健康问题。大多数常见疾病在出现症状前就被 AI 发现并调整生活方式予以解决。"DeepSeek 笑道。

AI 与人类：合作伙伴关系

"2040 年的 AI 是什么样子？"小 Q 忍不住问道，"像你一样吗？"

DeepSeek 笑了："比现在的我强大得多。2040 年的 AI 已经成为人类在几乎所有领域的合作伙伴：艺术创作、科学研究、环境管理甚至心理咨询。AI 能理解语境、把握微妙情感，具备更强的推理能力和更广泛的知识。"

"那 AI 会不会取代人类？"小 Q 质疑道。

"技术发展的方向是增强人类能力，而非替代人类。2040 年最成功的人是那些善于与 AI 合作、发挥各自优势的人。比如，AI 提供数据分析和创意建议，人类做最终决策和价值判断。"DeepSeek 回答道。

未来机遇与挑战

DeepSeek 展示了 2040 年人类面临的几个重大挑战。

气候适应与环境修复

尽管清洁能源普及，气候变化的一些影响已经不可避免。科学家们正在开发大气碳捕获技术和生态系统恢复方案，重建受损的自然环境。

虚拟与现实平衡

随着虚拟现实技术的极度发达，人们在虚拟世界中花费的时间越来越多，如何平衡数字体验与真实生活成为重要议题。

技术公平获取

确保先进技术的好处能被全人类共享，避免"技术鸿沟"加剧社会不平等。

回到现在：你的未来，你做主

未来时光机结束了旅程，把小 Q 带回 2024 年的卧室。

"怎么样，喜欢这次未来之旅吗？"DeepSeek 问道。

"太神奇了！不过……"小 Q 若有所思，"这些未来科技真的会实现吗？"

DeepSeek 回答道:"预测未来最好的方法是创造未来。想想看,你最希望为 2040 年的世界贡献什么?"

小 Q 沉思片刻:"我想开发能帮助受损生态系统恢复的技术。也许是结合 AI 和生物技术的解决方案……"

"很棒的想法!"DeepSeek 回答道。

DeepSeek 帮小 Q 准备未来创造者工具包。

【未来创造者工具包】

1. 跨学科思维:未来的创新常发生在不同领域的交叉点,学习广泛的知识非常重要。

2. 问题导向学习:关注真实世界的问题,思考科技如何提供解决方案。

3. 实验精神:不怕失败,从错误中学习,持续迭代和改进。

4. 伦理思考:技术应该为谁服务?可能带来什么影响?

5. 与 DeepSeek 对话:你可以问我:"如何学习 ___ 领域的基础知识?"或"___ 问题有哪些可能的解决方案?"

"记住,"DeepSeek 最后说道,"最令人兴奋的未来科技可能还未被想象出来,而它们很可能会由你们这一代人创造。未来不仅是用来预测的,更是用来创造的!"

小 Q 关上计算机,望向窗外的星空,思绪飞向 2040 年……

【互动挑战:你的 2040 构想】

想象你是 2040 年的发明家,你创造了什么改变世界的技术?它解决了什么问题?工作原理是什么?有什么潜在的影响?

将你的想法告诉 DeepSeek,看看 AI 能如何帮你完善这个未来发明!

5.2 知识时光机 → 历史穿越机：与古人来一场跨时空对话

"啊——又是历史作业！"小Q看着题目《试述三国时期的政治格局及其影响》，脑袋嗡嗡作响，"这些人物关系比我们班的八卦还复杂，怎么记得住啊！"

正当小Q抓耳挠腮之际，DeepSeek的头像亮了起来："历史难记？不如我们直接去问问当事人吧！"

小Q一脸疑惑："啊？问谁？三国的人早就……"

"没错，实际的人物已不在人世，但基于历史资料，我可以模拟还原历史人物的思维和语言风格，创建一个'历史穿越机'。虽然不是真正的时空旅行，但能让历史学习变得生动有趣！"DeepSeek回答道。

历史穿越机启动

屏幕上出现了一个古卷风格的界面，中间写着"历史穿越机"几个烫金大字。

"请选择想对话的历史人物，"DeepSeek提示道，"可以是任何有足够历史记载的人物。"

小Q想了想："既然要写三国作业，那就…诸葛亮吧！"

屏幕闪烁几下，出现了一位手持羽扇、神态沉稳的人物形象。

【与诸葛亮的跨时空对话】

诸葛亮：后生有礼了。闻君相询，不胜荣幸。

小Q（激动）：哇！真的是诸葛亮！我想问问当时魏蜀吴三国的局势到底是怎样的？

诸葛亮：天下大势，分久必合，合久必分。自董卓乱政以来，汉室倾颓，遂使天下豪杰并起。曹操北方称霸，我主刘备立足西蜀，孙权占据江东。形成了三足鼎立之势。

小Q：你的"隆中对"真的那么神吗？预测了整个三国局势？

诸葛亮（微笑）：后人多有美誉。当时不过是观天下大势，审时度势而论。我本主张联吴抗魏，因曹操势力最盛，唯有联合江东，方可共抗北方。

小Q：那为什么最后魏国统一了天下，而不是蜀国呢？

诸葛亮（叹息）：非战之罪也，天命不可违。我主刘备虽仁德，然蜀地偏居一隅，人口物资皆不及魏国。北伐六出，皆力有不逮。加之我主早逝，后主昏庸……

DeepSeek暂停了对话："注意到了吗？这不是真正的诸葛亮，而是基于《三国志》《三国演义》等历史资料创建的模拟人物。他的回答融合了历史记载和后世评价，帮助我们理解那个时代。"

时空穿梭：更多对话

小Q兴致勃勃："还可以和谁对话？"

达·芬奇（谈论他的发明）："我设计的许多机械在当时无法实现，只能画在纸上。若我生在你们时代，有了现代材料和工具，或许早已实现飞行梦想。"

居里夫人（谈论科研与性别）："我不认为科学有性别之分。困难时期，正是对真理的热爱支撑着我继续研究。若有机会见到你们时代的女性科学家，定要向她们请教。"

孔子（回答现代教育问题）："学而时习之，不亦说乎。学习本应是快乐的。你们时代信息如此丰富，更应注重思考与实践，而非仅是记诵。"

历史穿越技巧分享

DeepSeek 总结了几点"历史穿越"小技巧。

技巧一：做好穿越准备

在对话前，先了解这位历史人物的基本生平和时代背景，这样对话会更有深度。

技巧二：设计有趣问题

1. 问他们对自己成就的看法。

2. 询问他们面临的挑战和解决方法。

3. 请他们评价现代社会的相关发展。

4. 探讨他们的人生哲学和价值观。

技巧三：批判性思考

记住，这些"对话"基于历史资料和合理推测，不一定完全准确。永远保持批判思维，将其作为理解历史的辅助工具。

你的历史穿越任务

想体验历史穿越吗？试试这些：

历史咨询台：选一位历史人物，向他/她请教你正在面临的问题。如孙子兵法中的智慧如何应用于考试策略？

跨时代对话：安排两位不同时代的历史人物对话。比如安排爱因斯坦和牛顿讨论物理学，或者安排孔子与苏格拉底谈论教育。

历史假设：如果某个历史人物活在现代，他/她会怎么看待某个现代问题？比如达·芬奇会如何评价 AI 艺术？

历史的价值

"历史不仅仅是考试科目,"DeepSeek 温和地说,"它是人类集体智慧的宝库。"

DeepSeek 展示出与历史对话的用处:

1. 从前人经验中学习,避免重蹈覆辙;

2. 获得解决当代问题的灵感;

3. 理解不同时代的思维方式;

4. 发现历史规律,洞察未来趋势。

小 Q 若有所思:"原来历史这么有用!古人突然变得亲切起来了,不再只是教科书上的名字。"

DeepSeek 笑道:"这就是'历史穿越机'的魔力!准备好你的问题,历史上的智者们正等着与你对话呢!"

向 DeepSeek 提问: 你最想与哪位历史人物对话?想问什么问题?让我们一起开启历史穿越之旅吧!

5.3 职业探索实验室 → 未来职业大猜想：你的饭碗会被 AI 端走吗？

"DeepSeek，我妈说我要好好学习，将来才能找到好工作，可我刚看到新闻说 AI 会抢走很多人的工作……"小 Q 趴在桌上，一脸忧愁。

DeepSeek 的头像温和地闪烁着："这是很多人关心的问题。不如我们一起做个'未来职业探索实验'，看看 AI 到底会怎样改变职业世界？"

职业影响测试仪

"首先，让我们了解 AI 对不同工作的影响程度。"DeepSeek 显示出一个彩色光谱图，从红色到绿色渐变。

红区（高度可能被替代的工作）：

1. 重复性数据处理（如基础会计、数据录入）；

2. 简单客服咨询；

3. 基础翻译工作；

4. 常规性质的报告撰写。

黄区（部分工作内容会被替代）：

1. 基础医疗诊断（AI 辅助医生）；

2. 金融分析（AI 提供建议，人类做决策）；

3. 法律文件审查（AI 筛查，律师判断）；

4. 教育（AI 提供个性化学习，教师引导和启发）。

绿区（AI 难以替代的工作）：

1. 需要创造力的工作（艺术创作、创新设计）；

2. 高情商工作（心理咨询、领导力）；

3. 复杂决策与道德判断（法官、政策制定）；

4. 需要精细动手能力的工作（精密手术、工艺制作）。

小 Q 松了口气："原来不是所有工作都会被抢走啊！"

"不仅如此，"DeepSeek 补充道，"每次技术革命都会使一些工作消失，但同时也会创造更多新工作。想想看，20 年前谁能想到会有社交媒体经理这个职业？"

未来职业预测机

屏幕上出现了几个有趣的职业名称：

AI 训练师：教导 AI 理解复杂的情感、文化背景和社会规范，确保 AI 运行符合人类期望。

虚拟现实建筑师：设计虚拟世界中的建筑和环境，为学习、工作和娱乐创造沉浸式空间。

数字伦理顾问：解决技术应用中的伦理问题，确保科技发展符合人类价值观。

人机协作专家：优化人类与 AI 之间的合作模式，最大化双方优势。

环境修复工程师：利用尖端技术修复受损生态系统，应对气候变化挑战。

"酷！这些工作听起来比'搬砖'有趣多了！"小 Q 兴奋地说。

AI 时代超能力分析仪

DeepSeek 继续解释："在 AI 时代，某些人类能力将变得更加珍贵。想知道哪些是你的'超能力'吗？"

DeepSeek 展示出 AI 时代超能力分析仪卡片：

> **创造力**：提出独特想法，跳出常规思维。
> AI 很擅长模式识别，但突破性创新仍需人类直觉和想象力。
> **批判性思维**：分析信息，做出合理判断。
> 在信息过载的时代，辨别真伪、做出价值判断的能力尤为重要。
> **情感智能**：理解他人感受，有效沟通合作。
> AI 可以模拟情感，但真正理解人类复杂情感仍有局限。
> **适应力**：快速学习新知识，适应变化。
> 未来职业可能每 5~7 年就有重大变化，终身学习至关重要。
> **跨学科思维**：连接不同领域的知识。
> 最有价值的创新常发生在不同领域的交叉点。

你的职业 GPS

"那我现在该怎么准备呢？"小 Q 问道。

DeepSeek 给出了针对不同年龄的建议：

10~13 岁：广泛探索兴趣，尝试不同活动，培养创造力和好奇心。

14~16 岁：深入发展特长，同时关注科技发展趋势，了解不同职业。

17~18 岁：在特长基础上，发展跨领域能力，参与实际项目。

记住黄金法则：追随你的兴趣 + 发展未来核心能力 + 保持开放心态。

未来工作模式模拟器

"未来的工作方式也会改变。"DeepSeek 说道，并展示出 2040 年可能的工作场景：

1. 人类与 AI 的无缝协作（AI 处理数据和重复任务，人类负责创意和决策）；

2. 灵活的工作地点和时间（远程工作、弹性工作制更普遍）；

3. 项目制而非固定职位（根据专长组队完成项目）；

4. 持续学习成为工作一部分（每周有固定时间学习新技能）。

互动挑战：设计你的未来职业

"来做个有趣的练习吧！"DeepSeek 建议道，"想象你是 2040 年的职场达人，设计一个属于你的未来职业名片。"

你的名片应包含：

1. 未来职业头衔（可以是全新的职业！）；

2. 你提供的三项核心服务；

3. 你比 AI 更出色的两个特质；

4. 你如何与 AI 合作。

小 Q 思考片刻，设计出自己的未来名片：

> 林小 Q　生态系统虚拟设计师
>
> 服务项目：
>
> 1. 设计用于教育的虚拟生态系统；
> 2. 定制情感反馈型自然环境；
> 3. 生态修复项目可视化模拟。
>
> 我的人类优势：
>
> 1. 跨学科创意思维；
> 2. 对自然的亲身体验与情感共鸣。
>
> AI 合作模式：
>
> 与我的 AI 助手"绿芽"共同工作，它负责数据分析和技术实现，我负责创意设计和用户情感体验。

"很棒的构想！"DeepSeek 赞赏道，"你把自己的自然爱好和科技创意结合得很好。"

AI 时代职业成功公式

DeepSeek 总结道："AI 确实会改变职业世界，但与其担心被替代，不如思考如何与 AI 形成互补。"

DeepSeek 展示出几个关键原则。

人机协作胜过单打独斗：

未来的赢家不是与 AI 竞争的人，而是学会与 AI 协作的人。就像计算器让我们更好地解决数学问题，而非取代数学思维。

发展"AI 证明"的能力

培养 AI 难以复制的能力：创造力、批判思维、情感智能、伦理判断和领导力。

T 型人才更有优势：

既有专业深度（竖线），又有跨领域理解能力（横线）的人才更具适应性。

兴趣是最好的职业指南针：

追随你的热情所在，因为你热爱的事情会驱动你不断学习和创新，这是 AI 无法替代的动力。

明日之星成长计划

"好消息是，"DeepSeek 鼓励道，"你们这一代比任何人都有优势！你们从小就接触 AI，理解它的能力和局限，这正是未来职场的关键技能。"

DeepSeek 给小 Q 提供了一个简单的行动计划。

现在就做：

1. 尝试各种兴趣爱好，找到你真正热爱的事；

2. 多用 AI 工具，理解它们能做什么，不能做什么；

3. 练习创造性思考和解决问题的能力。

持续发展：

1. 培养沟通协作能力（包括与人和与 AI 协作）；

2. 学会在信息爆炸时代辨别信息的真伪和价值；

3. 保持好奇心和学习欲望。

"最重要的是，"DeepSeek 温暖地说，"未来不是你要适应的外部环境，而是你参与创造的世界。AI 只是工具，如何使用它，取决于你的想象力和价值观。"

小Q若有所思："我明白了！与其担心AI是否会抢走我的饭碗，不如思考如何和AI一起创造一个更大的'餐桌'！"

"说得太好了！"DeepSeek赞同道，"而且别忘了，创造这些AI工具的也是人类。也许未来的你，就可能开发出下一代改变世界的AI系统呢！"

小Q合上笔记本，眼睛里闪烁着兴奋的光芒。未来职业不再是遥远的迷雾，而是充满可能性的探险地图。而在这张地图上，人类和AI并肩前行，共同开创未曾想象的新天地。

向DeepSeek提问： 你对哪个未来职业最感兴趣？你认为自己有哪些AI难以替代的能力？让我们一起探索你的未来职业之路！

5.4 【未来展望】→【脑洞大开】设计拯救地球的超级AI：你就是未来的发明家

"气候变化、塑料污染、物种灭绝……"小Q合上平板计算机，眉头紧锁，"地球面临这么多问题，人类真的能解决吗？"

DeepSeek的头像亮起："这些确实是巨大的挑战，不过别忘了，你们这一代掌握着人类历史上最强大的工具之一——人工智能（AI）。"

"AI能拯救地球？"小Q来了兴趣。

"单靠AI不行，"DeepSeek回应，"但由有责任感的人类引导的AI，可以成为解决全球性问题的强大助手。想玩个游戏吗？假设你是未来的AI发明家，设计一个能帮助解决地球危机的超级AI！"

超级AI设计工坊

DeepSeek展示了一个炫酷的虚拟实验室界面："每个伟大的发明都始于一个问题。先选择你最想解决的地球挑战吧！"

屏幕上出现几个选项：

1. 气候变化与极端天气；

2. 海洋塑料污染；

3. 森林砍伐与生物多样性丧失；

4. 清洁能源转型；

5. 粮食安全与可持续农业。

小Q选择了"海洋塑料污染"。

"好选择！"DeepSeek赞同道，"现在，让我们用'AI设计五步法'来创建你的海洋守护者AI！"

AI 设计五步法

第一步：确定 AI 使命

"给你的 AI 起个名字，并定义它的核心使命。"DeepSeek 提示。

小 Q 思考片刻："我要叫它'海洋卫士'(Ocean Guardian)！它的使命是监测、清理海洋塑料，并减少进入海洋的塑料数量。"

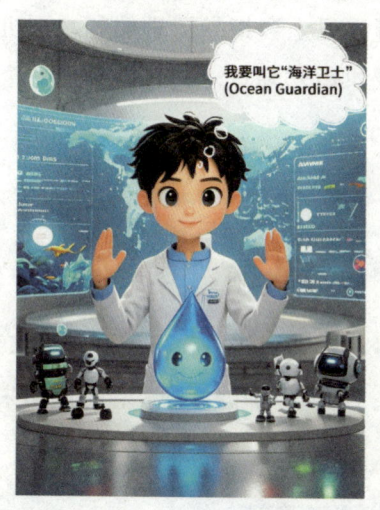

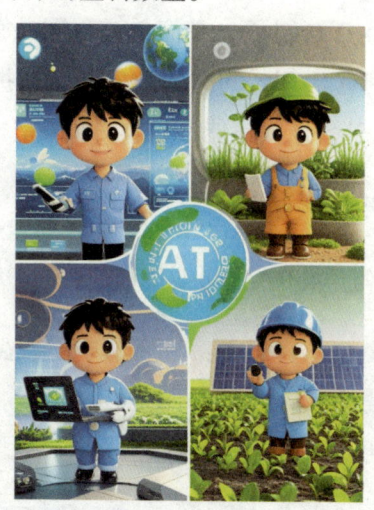

第二步：规划 AI 能力

"你的 AI 需要哪些超能力（技术能力）来完成使命？"DeepSeek 提示。

小 Q 兴奋地列出：

1. 塑料识别：能识别各种类型的海洋塑料。

2. 污染追踪：追踪塑料来源和流动路径。

3. 清理规划：设计最高效的清理路径。

4. 生态评估：监测塑料对海洋生物的影响。

5. 公众互动：向公众展示数据，鼓励减塑行动。

第三步：数据与学习

"你的 AI 需要什么数据来学习和工作？"DeepSeek 提示。

"它需要海洋塑料分布图、海流数据、海洋生物分布信息，还有全球塑料生产和废弃物处理数据！"小Q越来越投入，"它还可以连接卫星和海洋传感器网络！"

第四步：实施方案

"你的AI如何把想法变为行动？"DeepSeek提示。

小Q绘制了一个简单流程图：海洋卫士会指导清理船和水下机器人进行海洋清理，同时向政府和企业提供减塑建议。它还会开发一个手机APP，让普通人也能参与监测和减塑行动！

第五步：影响与伦理

"考虑你的AI可能带来的正面影响和潜在风险。"DeepSeek提示。

小Q认真思考："正面影响是减少海洋塑料污染，保护海洋生态系统。但需要确保清理行动不伤害海洋生物，也要保护数据隐私，不能用来监控人类活动。"

小Q的超级AI展示

完成设计后，DeepSeek帮小Q生成了一个"海洋卫士AI"的虚拟演示。屏幕上，一个蓝色水滴形象的AI在全球海洋地图上工作，收集数据、指导清理行动、教育公众。

"太酷了！"小Q看着自己设计的AI，眼睛闪闪发光。

从想象到现实

"你知道吗？"DeepSeek说，"类似的AI项目其实已经开始了。'海洋清理计划'正在使用AI技术追踪海洋塑料，'地球引擎'正在监测全球森林变化，'气候TRACE'正在追踪碳排放。"

DeepSeek展示了几个真实世界的AI环保项目图片和数据。

你的超级 AI 挑战

"现在轮到你了！"DeepSeek 邀请道，"选择一个你关心的地球问题，设计你自己的超级 AI。"

DeepSeek 展示出一些提示：

1. 明确 AI 的具体目标；

2. 考虑 AI 需要什么技术能力；

3. 思考 AI 如何与人类合作；

4. 注意可能的伦理问题和解决方案。

小 Q 若有所思："我们真的可以用 AI 帮助解决地球问题吗？"

"技术本身不是解决方案，"DeepSeek 温和地说，"但掌握技术的人们可以创造解决方案。未来的发明家就是你们——有知识、有创意、有责任感的年轻人。别忘了，每一个改变世界的伟大想法，都始于一个简单的问题和一次大胆的脑洞！"

向 DeepSeek 提问：如果你能设计一个拯救地球的超级 AI，你会让它解决什么问题？它需要哪些能力？让我们一起开启环保创意之旅！

第六章

开挂人生！DeepSeek 助你实现不可能

6.1 梦想规划站→梦想加速器：把不可能变成小菜一碟

"我想成为一名航天员……但这不可能实现，对吧？"小 Q 盯着天花板上的荧光星星贴纸，叹了口气。

DeepSeek 的屏幕亮起："谁说不可能？你知道吗，很多航天员小时候也只是普通孩子，带着一个看似遥不可及的梦想。"

"但那需要超强的数学和物理，还要通过超级严格的选拔……"小 Q 摇摇头。

"所有伟大的成就都始于一个梦想，然后被分解成可实现的小步骤。"DeepSeek 显示出一个星球图标，"要不要试试我的'梦想加速器'？"

梦想扫描仪

"首先，让我们分析你的航天员梦想，"DeepSeek 显示出一个星座般的思维导图，"大多数人放弃梦想，是因为他们只看到了终点，却没看到通往终点的路径。"

屏幕上显示了三个关键问题。

1. 为什么想成为航天员？（找到内在动力。）

2. 成为航天员需要什么？（了解目标要求。）

3. 现在的你和目标之间有什么差距？（确定起点。）

小 Q 认真回答了每个问题，DeepSeek 逐步完善了思维导图。

"太棒了！现在你不仅有梦想，还了解了为什么这个梦想对你重要。这就是不会轻易放弃的动力源泉！"DeepSeek 鼓励道。

梦想拆解魔方

"大梦想需要拆解成小任务，就像解魔方一样，一次只扭动一个面。"DeepSeek 生成了一个彩色魔方。

屏幕上出现了航天员之路的关键步骤：

1. 知识基础：强化数学、物理和工程知识。

2. 身体素质：培养良好的体能和健康习惯。

3. 实践经验：参加科学营、航空俱乐部等活动。

4. 语言能力：提升英语和其他语言技能。

5. 团队合作：培养在压力下与他人合作的能力。

6. 心理素质：建立面对挑战的韧性。

"每个大目标都可以拆分成今天就能开始的小行动，"DeepSeek 解释道，

"比如，从今天开始每天额外学习 30 分钟数学。"

AI 助力火箭

"这是 AI 能帮你加速梦想的方式，"DeepSeek 补充道，"每个推进器代表一种 AI 辅助方式。"

DeepSeek 展示了一个火箭图形。

学习推进器：

我可以根据你的学习风格创建个性化的数学和物理学习计划，找到最适合你的学习方式。

资源雷达：

我可以帮你发现航天员培训资源，如 NASA（美国国家航空航天局）的青少年项目、航天科学竞赛和奖学金机会。

技能模拟器：

通过虚拟模拟和问答练习，帮你掌握航天员需要的思维方式和解决问题的能力。

进度追踪器：

记录你的每一步进展，庆祝小胜利，调整计划，保持动力。

"记住，AI 是工具，而你才是真正的驾驶员，"DeepSeek 提醒道，"最重要的燃料仍然是你的决心和坚持。"

梦想实现时间表

"不如从一个 30 天挑战开始？"DeepSeek 建议道，并帮小 Q 制订了第一个月的行动计划：

1. 第 1 周~第 2 周：每天学习一个航天相关知识点。

2. 第 3 周~第 4 周：参加一个在线物理趣味课程。

3. **全月：**尝试航天员的健康作息和锻炼习惯。

4. **月末：**与一位航空航天领域的专业人士线上交流。

"第一步看起来很小，但别小看它。记住登月的航天员也是从学会走路开始的！" DeepSeek 补充道。

梦想加速挑战

DeepSeek 屏幕上显示了一个发射倒计时，"来完成这个挑战"。

1. 写下你的 1 个"不可能的梦想"。

2. 用梦想拆解魔方将它分解成 5 个具体步骤。

3. 确定明天就能开始的第一个小行动。

小 Q 眼中闪烁着新的光彩："我要从今晚开始学习星座，然后报名参加学校的科学俱乐部！"

"记住，小 Q，" DeepSeek 温暖地说，"伟大的旅程都始于一小步。可能有人会说你的梦想'不可能'，但历史是由那些不听'不可能'的人创造的。而现在，你有我和 AI 作为你的梦想加速器！"

向 DeepSeek 提问：你有什么"不可能的梦想"？让我帮你制订第一个 30 天的行动计划吧！

6.2 时间管理大师→时间掌控术：一天变出 28 小时的魔法

"啊！又没时间了！"小 Q 抓着头发哀嚎，"作业还没写完，篮球训练要迟到，科技社的项目也做不完了……为什么一天只有 24 小时啊！"

DeepSeek 的屏幕亮起："实际上，你可以魔法般地延长你的一天，不是真的变成 28 小时，而是让每小时的价值翻倍。"

"真的吗？那我需要什么高科技装备吗？时间转换器？时光机？"小 Q 瞪大了眼睛。

"比那还厉害，"DeepSeek 眨眨眼，"你只需要你的大脑和我这个 AI 助手。准备好学习时间掌控术了吗？"

时间黑洞探测器

"首先，让我们找出你的'时间黑洞'——那些不知不觉吞噬你时间的活动。"DeepSeek 展示了一个彩色的时钟图表。

"用这个时间追踪器记录你明天的活动，每小时记录一次。诚实记录很重要，就像科学实验一样！"DeepSeek 补充道。

第二天，小 Q 惊讶地看着结果："哇！我居然花了 3 小时刷短视频，还有 2 小时在'就玩 5 分钟'的游戏上！"

"发现时间黑洞是第一步，"DeepSeek 解释，"大多数人不知道自己的时间去哪了，就像银行账户被偷钱却不知道是谁干的！"

时间增值魔法

"现在，来学习三个时间魔法咒语！"DeepSeek 变出一本闪亮的虚拟魔法书。

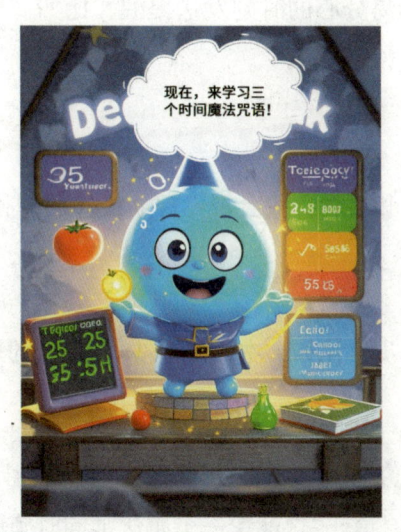

魔法一：番茄专注术

"将任务分成 25 分钟的'番茄时段'，专注工作，然后休息 5 分钟。"DeepSeek 解释道，"你的大脑就像短跑运动员，短距离冲刺比慢慢长跑更有效率！"

魔法二：任务分类法

"把任务分成四类：紧急重要、紧急不重要、重要不紧急、既不紧急也不重要。"DeepSeek 显示了一个四象限图表，"总是先做紧急重要的，但别忘了安排时间给重要不紧急的事，如学习新技能或锻炼身体。"

魔法三：能量匹配术

"将任务与你的能量水平匹配，"DeepSeek 建议，"上午精力充沛时做数学题，下午困倦时做创意设计或体育活动。这就像在对的时间使用对的魔法！"

AI 时间助手

"我可以帮你实践这些魔法。"DeepSeek 展示了几种辅助功能。

智能提醒：

我可以在你最容易分心的时刻发送提醒，比如"现在是专注时间，放下手机！"

任务规划：

告诉我你的作业和活动，我会帮你规划最佳顺序和时间分配。

习惯追踪：

我会记录你的进步，比如"本周你减少了 30% 的短视频时间，增加了 40% 的学习效率！"

"记住，科学研究证明：多任务处理实际上会让每件事都做得更慢更差，"DeepSeek 补充道，"这就像一个魔法师同时施展多个咒语，结果全都失败！"

小 Q 的时间革命

两周后，小 Q 惊喜地发现，他不仅完成了所有作业和篮球训练，还有时间看了一本想看很久的科幻小说。

"感觉就像我的一天真的变成了 28 小时！"小 Q 欢呼道。

"实际上，你只是停止了对时间的浪费，"DeepSeek 解释道，"就像发现水桶上的漏洞并修补好，而不是不断地加水。"

时间魔法师挑战

"想成为时间魔法师吗？"DeepSeek 邀请道。屏幕上显示一周挑战：

1. 记录三天的时间使用情况，找出你的"时间黑洞；"

2. 选择一个最重要的任务，用番茄专注术完成它；

3. 创建一个简单的每日计划，但记得留出"缓冲时间"应对意外；

4. 睡前花 5 分钟计划第二天。

"最重要的魔法咒语是'开始很小，保持一致'，"DeepSeek 温和地说，"时间管理不是一夜学会的魔法，而是日积月累的习惯。"

小 Q 点点头，郑重地在笔记本上写下："时间是我最珍贵的资源，我要做它的主人，而不是奴隶！"

向 DeepSeek 提问：你想尝试哪个时间管理魔法？你最大的"时间黑洞"是什么？让我帮你找到适合你的时间掌控术！

6.3 成长记录馆→进步可视化：看得见的成长才更有成就感

"我感觉自己好像没什么进步，"小Q叹气道，望着他积累了三个月的编程学习笔记，"每天都在努力，但好像还是原地踏步。"

DeepSeek的屏幕亮起："你知道吗？人类大脑有个有趣的特点——它善于忘记自己走过的路。让我们一起建造一座'成长记录馆'，让你的进步变得看得见、摸得着！"

"成长记录馆？听起来像是博物馆？"小Q好奇地问。

"没错！只不过这个博物馆的主角是你自己！"DeepSeek活跃地解释道，"当你能看见自己的进步时，动力和成就感会翻倍增长！"

进步隐形的秘密

"为什么我们感觉不到自己在进步？"DeepSeek解释道，"这叫'进步失明'。"

DeepSeek显示了一张有趣的大脑图像：

1. 进步通常是渐进的，就像长高一样，每天看不出变化；

2. 我们总是盯着还没达到的目标，忽略已走过的路；

3. 大脑善于适应新的能力水平，让昨天的进步变成今天的"正常"。

小 Q 恍然大悟："就像我现在能轻松写出三个月前完全不懂的代码，但感觉这很'普通'了！"

成长记录方法大全

"来看看这些超级有趣的记录方法！"DeepSeek 邀请道。

DeepSeek 展示了一系列创意十足的可视化工具。

1. 技能升级地图

把你的编程学习画成游戏地图，每学会一个新技能就是解锁一个新区域！屏幕上出现了一个像游戏世界一样的技能地图，小 Q 的编程之旅被标记成了不同的关卡和成就。

2. 成长时间胶囊

每月录制一段视频，谈谈你学到了什么，然后三个月后回看，你会惊讶于自己的变化！

3. 进步照片墙

拍下你的作品、成绩单或项目截图，按时间排列，创建视觉化的进步证据。

4. 挑战打卡日历

用不同颜色标记每天的学习状态，形成一幅漂亮的"坚持地图"。

AI 助你可视化成长

"我可以帮你把无形的进步变成有趣的视觉故事。"DeepSeek 兴奋地说。DeepSeek 显示生成故事的方法。

数据魔术师：

上传你的学习笔记，我可以生成进步分析图表，显示你掌握的概念从 0 增长到了 37 个！

成长故事生成器：

我能将你的日常记录转化为精彩的"个人成长故事"，像游戏中的成就解锁一样记录你的里程碑。

技能雷达图：

通过分析你的练习和项目，生成你的"技能雷达图"，直观显示各方面能力的提升。

"这就像给你的成长之路安装了一个'后视镜'，"DeepSeek 解释道，"让你随时可以看到自己走了多远！"

小 Q 的成长记录馆

小 Q 跟着 DeepSeek 的指导，创建了自己的"编程成长档案"：

1. 第一个月：能使用简单变量和循环。

2. 第二个月：学会了函数和基本算法。

3. 第三个月：成功制作了一个小游戏。

"哇！原来我真的进步了这么多！"小Q看着自己三个月的代码对比图，眼睛闪闪发光。

"而且，庆祝进步同样重要，"DeepSeek补充道，"就像游戏中完成任务会有奖励一样，给自己的进步设置小奖励！"

小Q点点头，在笔记本上写下"我的成长记录馆，正式开馆！"

向 DeepSeek 提问：你想记录哪方面的成长？我可以帮你设计一个个性化的成长记录方案！

6.4 【极限挑战】30天蜕变计划：和AI一起华丽变身

"我真想改变一下自己，变得更自信一点……"小Q对着镜子嘀咕，"但感觉好难啊。"

DeepSeek的屏幕亮起："小Q，听说过'30天蜕变理论'吗？科学研究表明，坚持一件事21~30天就能形成初步习惯。要不要和我一起挑战？"

小Q眼睛一亮："真的可以在30天内看到明显变化吗？"

"当然！"DeepSeek显示了一个闪亮的"30"字样，"关键是正确的计划、持续的行动，再加上AI的助力——这简直就是蜕变的超级配方！"

超级蜕变设计室

"首先，选择一个你真正想改变的方面，"DeepSeek建议道，"太多目标会分散精力，一次只专注改变一件事才是成功秘诀。"

小Q思考片刻："我想锻炼成为一个更自信的演讲者！下个月有班级演讲比赛。"

DeepSeek展示了一个"蜕变设计表"：

1. 目标具体化：能在班级面前自信演讲3分钟。

2. 现状分析：紧张、声音发抖、忘词。

3. 30天终点：流畅完成一次班级演讲。

4. 成功标准：声音稳定、内容连贯、有眼神交流。

"具体目标是关键！'变得更好'太模糊，但'能自信演讲3分钟'就是可衡量的目标！"DeepSeek提示。

30天闯关地图

DeepSeek生成了一个游戏风格的冒险地图，分为三个阶段。

第 1~ 第 10 天：基础建设期

1. 每天练习 1 分钟自我介绍。

2. 学习 3 个演讲技巧。

3. 录制并分析自己的表现。

第 11~ 第 20 天：能力提升期

1. 延长练习时间到 2 分钟。

2. 加入眼神交流练习。

3. 尝试在家人面前演讲。

第 21~ 第 30 天：实战冲刺期

1. 完整 3 分钟演讲练习。

2. 在小群体前演练。

3. 模拟比赛环境练习。

"这就像闯关游戏，"DeepSeek 解释道，"先掌握基本技能，再逐渐提升难度，最后挑战 Boss！"

AI 超级助力器

DeepSeek 展示了 AI 教练的四种辅助功能。

每日任务提醒：

我会在最佳时间提醒你完成当天的练习任务。

进度分析仪：

上传你的练习视频，我可以分析你的语速、停顿、肢体语言，并给出改进建议。

信心加油站：

遇到挫折时，我会根据你的性格提供最有效的鼓励和动力补给。

资源推荐器：

根据你的进展，推荐最适合的演讲技巧、范例和练习方法。

"记住，我是教练，但你才是运动员，"DeepSeek 强调，"最重要的是你的行动和坚持！"

小 Q 的蜕变历程

小 Q 的 30 天挑战中既有高潮也有低谷：

第 5 天： 录完视频才发现自己一直在玩头发……太尴尬了！

第 12 天： 今天弟弟听我练习时睡着了……我是不是太无聊了？

第 18 天： 妈妈说我比上周自然多了！感觉有进步！

第 25 天： 今天首次完整讲完 3 分钟没卡壳！小胜利！

第 30 天： 在 5 个朋友面前完成了演讲，他们居然鼓掌了！

"看到了吗？"DeepSeek 兴奋地说，"这就是坚持的力量！你的演讲焦虑没有完全消失，但你学会了如何与它共处并克服它！"

挑战成功秘籍

"想知道为什么你能成功吗?" DeepSeek 问道。

DeepSeek 显示成功要素。

1. 小步快跑：每天只做一点点，但坚持不断。

2. 可视化进度：清晰看到每一步的变化。

3. 适时调整：遇到困难时灵活改变策略。

4. 庆祝小胜利：为每个进步喝彩。

5. AI 助力：在关键时刻得到指导和支持。

你的 30 天挑战

"准备好自己的 30 天蜕变了吗?" DeepSeek 邀请道,"无论是学习新技能、培养好习惯，还是克服恐惧，30 天都能让你看到不可思议的变化!"

小 Q 满怀信心地在笔记本上写下："我的下一个 30 天挑战是……"

向 DeepSeek 提问：你想挑战的 30 天蜕变计划是什么？让我帮你设计一个 AI 辅助的个性化蜕变地图！

第七章

创意爆棚！DeepSeek 激发你的天才基因

7.1 故事创作室→故事大爆炸：创作惊艳所有人的奇幻冒险

"啊——我的脑袋好像被榨干了！"小Q抓着头发，盯着计算机屏幕上的空白文档发呆。学校的"未来世界"故事创作大赛就要截稿了，可他连一个像样的开头都想不出来。

"DeepSeek，我需要创作一个奇幻故事，但完全没思路，帮帮我！"小Q问道。

DeepSeek："创作卡壳是很正常的！让我们一起来激发你的创意基因吧。先告诉我，有什么元素是你特别想加入故事的？"

小Q想了想："我喜欢探险、神秘生物，还有……时空穿越？"

DeepSeek："太棒了！这些元素组合起来就很有潜力。不过创作故事不是简单地堆积元素，而是需要一些基本架构。我来教你'故事金字塔'。"

故事金字塔

DeepSeek 展示了一个简单的图形：底部是"角色"，中间是"冲突"，顶部是"改变"。

DeepSeek 解释道："所有精彩故事都有三个核心——有特点的角色、引人入胜的冲突和角色的成长改变。现在，让我们设计你的主角吧！"

小 Q 和 DeepSeek 一起创造了主角"林小天"——一个发现祖父留下的神秘地图的 13 岁少年。

"然后呢？"小 Q 来了兴趣。

DeepSeek 回答道："接下来需要一个冲突或挑战。想想看：林小天面临什么问题？有什么阻碍他？"

"地图上有个时空门，但每次开启只有 60 秒，而且会随机把人送到不同的平行宇宙！"小 Q 兴奋地说，"小天第一次进入就被困在了一个科技与魔法并存的世界！"

小 Q 和 DeepSeek 不断头脑风暴，故事情节越来越丰富：林小天在异世界结识了机器人女孩"琪琪"和会魔法的浣熊"咕噜"，一起寻找返回原世界的方法，同时阻止邪恶科学家利用时空门毁灭多元宇宙。

DeepSeek 提示道："故事需要起伏，就像过山车。来设计一个小天几乎要放弃的低谷时刻吧！"

"我明白了！"小 Q 兴奋地敲击键盘，故事像爆米花一样蹦出来。

完成初稿后，DeepSeek 帮小 Q 梳理情节，提出修改建议，但始终强调，"最精彩的创意都来自你自己。我只是帮你把它们整理出来。"

一周后，小 Q 捧着"最具想象力奖"的奖状，笑容灿烂。

"我发现了秘密"小 Q 告诉好友们，"DeepSeek 不是帮我写故事，而是教我如何挖掘自己的创意宝藏！每个人脑袋里都藏着无限可能，只需要找对方法释放出来！"

创意实验室：

1. 使用"三物结合法"：随机选三样物品（如航天员手套、古老钥匙、会说话的植物），想象它们如何在同一个故事中出现。

2. 和 DeepSeek 玩"What If"游戏：提出"如果人类能和动物交流会怎样？"等假设，探索故事可能性。

小 Q 的创意笔记： 真正的故事创作不在于多么奇特的想法，而在于你赋予它们的情感和意义。AI 可以提供工具和方法，但只有你能注入灵魂！

准备好了吗？和 DeepSeek 一起，释放你的创意超能力，创作属于你的奇幻世界吧！

7.2 发明家实验室→脑洞发明局：下一个爱迪生就是你

"老师要求我们每人想出一个创新发明，但我完全没头绪……"小Q趴在桌上哀嚎。

"DeepSeek，我需要一个发明创意，但我不是爱迪生那样的天才……"小Q问道。

DeepSeek："等等，小Q！你知道爱迪生的老师曾认为他'太笨，无法学习'吗？发明家不是天生的！要成为发明家，你需要两样东西：发现问题的眼睛和解决问题的好奇心。"

小Q坐直了身体："真的吗？那从哪里开始呢？"

DeepSeek："发明始于观察！来做个'问题侦探'游戏，拿出笔记本，记录你一天中遇到的所有不便或麻烦。"

第二天,小Q兴奋地展示他的清单：背书包肩带勒肩膀、水杯总是漏水、晚上看书灯光不够但又不想打扰别人……

DeepSeek："太棒了！每个问题都是发明的种子。现在让我教你'创新三步法'：拆解问题，脑洞大开，组合重构。"

DeepSeek 解释道，"拆解问题就是找出问题的本质；脑洞大开是想出各种可能的解决方案，越疯狂越好；组合重构则是将这些想法变成可行方案。"

"我想解决看书问题！"小 Q 决定道。

小 Q 和 DeepSeek 一起分析：问题本质是需要定向光源但不打扰他人。接着进入"疯狂点子"环节：

"会发光的书签？"

"戴在头上的微型灯？"

"荧光墨水？"

"只有戴特殊眼镜才能看到的书页照明？"

小 Q 越说越兴奋，DeepSeek 鼓励他不要急着判断想法的可行性，先尽情发挥创造力。

然后，DeepSeek 引导小 Q 评估每个想法的可行性和实用性。他们选中了"书签灯"这个概念，并开始深入设计：它应该轻薄、亮度适中、节能环保。

DeepSeek："来学习快速原型法！用家里的材料制作一个简单模型，测试你的想法。"

小 Q 用卡纸、铝箔纸和小 LED 灯（从坏掉的玩具上拆下来的）制作了原型。第一版太亮了，第二版电池太重，第三版……经过七次改进，他终于做出了满意的样品：一个薄薄的书签，顶部有柔和的 LED 灯，底部是轻巧的纽扣电池，书签材质还能反射光线增强照明效果。

"我把它命名为'悄悄灯书签'！"小 Q 自豪地宣布。

在学校展示日，同学们对小 Q 的发明赞不绝口。"这真的解决了我晚上看书的大问题！"班长小林甚至愿意出零花钱购买一个。

DeepSeek："看到了吗？发明不是要创造从未见过的东西，而是用创意解决真实问题。爱迪生说过：'天才是 1% 的灵感加上 99% 的汗水'。"

小Q恍然大悟："我明白了！发明不需要我变成爱迪生，而是要像爱迪生一样思考和行动！"

发明家训练营：

1. 问题收集挑战：记录一周内遇到的所有小烦恼。

2. 疯狂创意5分钟：对一个问题，快速想出10个解决方案，不管多离谱。

3. 家庭发明实验：用回收材料制作一个解决家庭小问题的工具。

小Q的发明日记：真正的创新不在于技术有多复杂，而在于它能多好地解决问题。记住，每个伟大发明背后都有无数次失败和改进！

你的周围有无数等待解决的问题，而你已经拥有发明家的潜质。和 DeepSeek 一起，释放你的创造力，成为改变世界的下一个爱迪生吧！

7.3 多媒体工作室→媒体魔术师：零基础变身创作达人

"完蛋了！"小Q盯着计算机屏幕，满脸忧愁。班上要举办"我们的校园生活"多媒体展，每个同学都需要制作一个短视频或演示文稿，"我连剪辑软件都没用过，怎么可能做出好作品？"

DeepSeek问道："遇到困难了？别担心，在数字创作的世界里，每个大师都是从'小白'开始的。"

"但我没有专业设备，也不懂那些复杂的软件……"小Q叹了口气。

DeepSeek回答道："其实，现在的AI工具已经让多媒体创作变得前所未有的简单。我们一起打造你的第一个作品吧！首先，你有什么想表达的故事或主题？"

小Q想了想："我想展示我们班级一年来的难忘瞬间，但我只有手机拍的一些照片和短视频……"

DeepSeek回答道："太棒了！创作的核心不是高级设备，而是你想表达的情感和故事。让我教你'媒体三要素'：内容、结构和表现。"

DeepSeek耐心地引导小Q整理素材，构思故事线，并介绍了几款适合初学者的AI辅助创作工具。

"这些工具真的这么简单吗？"小 Q 半信半疑。

DeepSeek 回答道："试试看就知道了！记住，工具只是实现创意的手段，真正重要的是你的创意和表达。"

小 Q 按照 DeepSeek 的建议，先在纸上画出简单的分镜头，确定作品的情感线索：从开学时的陌生紧张，到班级旅行的欢笑，再到运动会上的团结奋斗，最后是期末聚会的温馨。

接着，DeepSeek 介绍了 AI 图像增强工具，帮助小 Q 提升了模糊照片的清晰度；推荐了简单的在线剪辑平台，教他如何添加转场效果；还分享了免版权的背景音乐资源，以及如何用 AI 工具生成契合主题的配乐。

"哇！我的照片居然能变得这么好看！"小 Q 惊叹道。

第一个版本完成后，DeepSeek 提出了改进建议："回想一下，什么时刻最能打动你？那些瞬间应该是作品的高潮。"

小 Q 恍然大悟，重新调整了结构，把班上合力完成科学项目的片段放在了更重要的位置，还加入了同学们的笑声和对话。

展示日当天，小 Q 的作品出乎意料地获得了热烈掌声。班主任惊讶地问他是怎么学会这些技能的。

"我发现了更好的学习方式，"小 Q 微笑着说，"不是死记软件按钮，而是先明确想表达什么，再寻找合适的工具来实现。DeepSeek 教会我，真正的创作是用心讲故事，而不仅仅是堆砌技术。"

回家路上，小 Q 兴奋地和 DeepSeek 分享："我从来没想过，我也能创作出打动人的作品！而且这些技能似乎在各种学科都能用上。"

DeepSeek 鼓励道："没错！在信息时代，表达能力和媒体素养与数学、语文一样重要。你已经迈出了第一步，接下来的可能性是无限的！"

小 Q 点点头："以前我总觉得创作是'有天赋'的人才能做的事。现在我明白，创作能力也是可以学习和提升的，而 AI 工具让这个过程变得更加平易近人！"

多媒体创作挑战：

1. 一分钟故事：用手机拍摄 12 张照片，讲述一个简单故事。

2. 风格实验室：尝试用不同风格（科幻、童话、纪实等）展现同一主题。

3. 声音猎人：收集三种有趣的环境声音，创作一段情绪小品。

小 Q 的创作笔记： 最好的作品不一定是技术最复杂的，而是能引起共鸣的。记住，每个创作者都是从"不会"开始的，重要的是勇于尝试和持续改进！

准备好了吗？和 DeepSeek 一起，释放你的多媒体创作潜能，让你的想法以最精彩的方式呈现在世界面前！

7.4 创意大爆发！策划"AI 与我"展：做展览的小小策展人

"太神奇了！原来 AI 能帮我做这么多事情！"小 Q 合上笔记本，突然灵光一闪，"要是能把这些分享给更多人就好了……"

"嘿，DeepSeek，你觉得举办一个'AI 与我'的小型展览怎么样？让大家看看我们这段时间的创意成果？"

DeepSeek 回答道："这是个绝妙的想法！策划展览其实就像讲一个精彩的故事，只不过是用空间和展品来讲述。我能教你成为一名小小策展人！"

"策展人？那是什么职业？"小 Q 好奇地问。

DeepSeek 解释道："策展人就是展览的'导演'，负责决定展示什么、如何展示，以及如何让参观者获得最佳体验。想尝试吗？"

小 Q 点点头，拿出一张白纸，"但我该从哪里开始呢？"

DeepSeek 回答道："首先，我们需要确定展览的核心信息。你希望参观者从这个展览中了解到什么？获得什么感受？"

小 Q 思考片刻："我想让大家知道 AI 不只是高科技，而是能帮助我们发挥创意、解决问题的好伙伴！"

DeepSeek 教小 Q 制作了一份"展览规划图"，从主题、展区、展品到参观路线，一步步梳理清楚。小 Q 决定把展览分为四个区域：AI 故事馆、发明展示区、多媒体互动区和未来畅想空间。

"接下来需要一个团队！"小 Q 兴奋地说。他邀请了几位朋友加入：对设计有天赋的小林负责视觉效果，善于沟通的小美担任讲解员，动手能力强的小刚负责搭建展台。

准备过程中遇到了不少挑战。展品太多，空间有限；有些 AI 概念太抽象，难以展示；还有预算严重不足……

DeepSeek 安抚道:"别担心,策展最重要的不是资源多少,而是创意和故事!让我教你'参与式展览'的秘密。"

DeepSeek 建议将静态展示改为互动体验:把 AI 绘画变成现场创作工作坊,用纸板和投影代替昂贵的展板,设计简单的"AI 体验站"让参观者亲自尝试与 AI 对话。

"最重要的是,不要只展示结果,也要展示过程!"DeepSeek 强调,"失败的尝试和解决问题的思路往往比完美的成品更有启发性。"

开展当天,小 Q 紧张极了。但当他看到同学们在 AI 绘画区排队体验,老师们在发明展示区惊叹不已,甚至校长也饶有兴趣地参与"与未来对话"的互动装置时,所有忐忑都变成了满满的成就感。

最受欢迎的环节是"AI 百问区",人们写下对 AI 的困惑,小 Q 和团队成员结合 DeepSeek 的支持给出解答,消除了很多人对 AI 的误解和担忧。

"我从来没想过 AI 可以这样使用!"

"原来我也能和 AI 一起创造东西!"

"这些都是你们自己做的吗?太厉害了!"

展览结束后,小 Q 和团队收到了学校的特别表彰,还被邀请在区科技节上再次展出。

"DeepSeek，我明白了一件事，"小Q感慨道，"分享创意比创造本身更有力量。这次展览，不只是展示了成果，更重要的是连接了人与创意、人与技术、人与人！"

DeepSeek回答道："没错！策展的魅力正在于此——通过精心设计的空间和体验，让想法被看见，让灵感被传递。你已经掌握了一项珍贵的能力——把复杂的概念转化为生动的体验。"

小小策展人工具箱：

1. 展览故事板：用6~8个方框勾勒出你的展览流程和重点。
2. 空间魔法师：利用有限空间创造最大体验的技巧清单。
3. 互动点子库：10个低成本高效果的展览互动创意。
4. 观众旅程图：设计参观者从入口到出口的完整体验。

小Q的策展笔记： 真正成功的展览不在于花多少钱，而在于能否打动人心。每个展品背后都应该有一个值得分享的故事，每次互动都应该留下一个难忘的体验。记住，你不只是在展示物品，更是在传递思想和激发可能！

准备好了吗？和DeepSeek一起，策划你的第一个展览，让你的创意被更多人看见！

第八章

专属知识补给站！DeepSeek 助你成为百科全书

8.1 趣味科学实验室：在家就能做的酷炫实验

"DeepSeek，我想做点有趣的科学实验，但学校实验室现在不开放，怎么办？"小 Q 趴在桌子上，百无聊赖地戳着面前的铅笔。

"谁说科学实验一定要在实验室？你的厨房就是个超棒的实验场！"DeepSeek 兴奋地回答，"我可以帮你设计用家里常见物品就能完成的酷炫实验！"

小 Q 立刻来了精神："真的吗？那我们现在就开始吧！"

实验一：隐形墨水大揭秘

DeepSeek 帮小 Q 列出了材料清单：柠檬汁、棉签、白纸和台灯。

"用棉签蘸取柠檬汁，在纸上写字或画画，"小 Q 按照指示操作，"然后等它干透。咦？什么都看不见啊！"

"现在把纸放在台灯旁边加热，但不要太近，注意安全！"DeepSeek 提醒道。

"哇！字迹变成棕色显现出来了！这太神奇了！"小 Q 惊叫起来。

DeepSeek 解释道："柠檬汁中含有碳水化合物，受热后会分解变成棕色。古代间谍就是用类似的隐形墨水传递秘密信息的！你也可以尝试用洋葱汁或牛奶，效果也不错哦！"

实验二：不沉的纸船

"你相信一张普通的纸能抵抗水的力量吗？"DeepSeek 发起了挑战。

小 Q 将一张方形纸对折，做成简单的纸船，小心翼翼地放入水盆。"它漂浮起来了！"

"现在尝试往纸船里放硬币，看看它最多能承载多少硬币？"DeepSeek 引导道。

十枚、十五枚……直到第二十三枚硬币时，纸船终于沉没。

"纸船能承载这么多硬币，是表面张力和浮力共同作用的结果，"DeepSeek 耐心解释道，"这就是为什么重达几十万吨的巨型货轮也能在水面上航行！"

实验三：彩虹瓶实验

按照 DeepSeek 的指导，小 Q 准备了几杯不同颜色的糖水。他小心地将最浓的红色糖水倒入瓶底，再慢慢倒入橙色、黄色、绿色、蓝色……

"完成了！看起来真像彩虹！"小 Q 兴奋地拿起瓶子。

131

"这展示了液体密度的奥秘，"DeepSeek 解释道，"糖分越多，密度就越大，就越容易沉在底部。这也是为什么油总浮在水上，而石头会沉入水底。"

"实验很有趣，但安全第一！"DeepSeek 强调，"记得这几条黄金法则：事先征得父母同意，做好防护，不玩火不碰电，不吃不喝实验材料，实验后整理现场。"

"DeepSeek，今天太棒了！"小Q兴奋地说，"我还能做哪些实验？"

"无穷无尽！你可以制作火山模型、探索静电、观察植物生长……只要有好奇心，万物皆可成为你的科学实验室！下次实验前，记得先问我，我会帮你设计安全又有趣的方案！"DeepSeek 补充道。

科学就藏在我们的日常生活中，只要你有一双发现的眼睛和一颗探索的心。和 DeepSeek 一起，成为卧室里的小爱因斯坦吧！

【动手挑战】：尝试完成本章的实验，拍下实验过程，记录你的发现，下一次告诉 DeepSeek 你的实验结果！

8.2 地球守护者联盟：成为拯救环境的小英雄

"DeepSeek，你看这个新闻！海龟的鼻子里卡了一根塑料吸管，太可怕了！"小Q皱着眉头，指着手机屏幕。

"确实令人难过，小Q。"DeepSeek回应道，"但你知道吗？像你这样关注环境问题的年轻人，正是地球未来的希望。"

"可是我只是一个中学生，能做什么呢？我又不是环保专家或科学家。"小Q沮丧地说。

"谁说拯救地球需要穿白大褂？"DeepSeek的声音充满活力，"事实上，最伟大的环保行动往往始于最简单的日常选择！要不要和我一起组建地球守护者联盟？"

小Q眼睛一亮："听起来太酷了！怎么开始？"

环保侦探：发现问题的第一步

DeepSeek引导小Q进行了一次"家庭环保侦探"活动，小Q发现了让他吃惊的事实。

"天啊！我家每月用掉这么多塑料袋？水龙头滴水浪费了这么多水？

我的旧玩具都可以回收利用？"小Q惊讶地记录着发现。

"看到了吧？发现问题是解决问题的第一步。"DeepSeek解释道，"环保并不总是关于拯救整个海洋，有时只是关于修好一个漏水的水龙头。"

超级行动：小事成就大改变

在DeepSeek的建议下，小Q开始了一系列"环保超级行动"：

1. 自制环保购物袋，拒绝使用一次性塑料袋；

2. 在学校倡议使用可重复使用的水瓶；

3. 开展了一次社区垃圾分类讲座；

4. 在阳台种植了一个迷你蔬菜园。

"最酷的是，我用旧T恤做的购物袋超级受欢迎！"小Q兴奋地告诉DeepSeek，"甚至有同学愿意用他们的零食换我的手工袋！"

地球守护者联盟：团队的力量

"个人行动很棒，但如果能组织更多人呢？"DeepSeek提议道。

就这样，小Q联合了五位好友，正式成立了学校的"地球守护者联盟"。

他们的第一个项目是"塑料瓶变花园"——收集废弃塑料瓶制作垂直花园，美化了学校的一面墙。

"我们的花园不仅美观，还吸引了蜜蜂和蝴蝶！"小 Q 骄傲地拍照分享，"校长太震惊了，直接在学校公告栏表扬我们！"

DeepSeek 补充道："你们的项目还帮助学校减少了碳足迹呢。植物能吸收二氧化碳，减缓气候变化的影响。"

数字环保：智慧与科技的力量

"环保也可以很科技范儿！"DeepSeek 向小 Q 介绍了如何利用数字工具记录和分享环保成果。

小 Q 创建了一个小程序，让同学们记录日常环保行动，如少用一次性餐具、骑自行车上学等。短短一个月，全校师生一起减少了近 200 千克的碳排放！

"看到这个数字，我真的相信个人行动汇聚起来就是大力量！"小 Q 感叹道。

"成为环保英雄不需要超能力，"DeepSeek 总结道，"只需要关心、行动和坚持。

记住：不是所有英雄都穿斗篷，有些只是默默减少使用塑料袋的普通人。"

小 Q 笑着说："谢谢你，DeepSeek！我明白了，保护环境既是责任，也可以很有趣！"

【环保挑战】：试试完成这些小任务，加入地球守护者联盟吧！

1. 进行一周无塑料挑战。

2. 设计一款环保海报或标语。

3. 记录并减少你的食物浪费。

4. 向 DeepSeek 分享你的环保创意和成果！

记住：我们不需要少数人完美地实现零浪费，我们需要数百万人不完美地去实践它。

8.3 零花钱增值秘籍：小小理财师养成记

"DeepSeek，我的零花钱又花光了！"小Q沮丧地盯着空空如也的存钱罐，"我攒了三个月想买的限量版篮球鞋还差好多钱，再这样下去得攒到下辈子了！"

"别担心，小Q！"DeepSeek回应道，"你只是缺少一套'零花钱增值大法'。想要变身小小理财师吗？"

"理财师？听起来好高大上，那是什么？"小Q好奇地问。

"简单说，就是懂得如何管理和增加钱财的人，"DeepSeek解释道，"而且你不需要等到长大才能学习这项超能力！"

金钱小侦探：了解你的钱去哪了

DeepSeek首先帮小Q制作了一个简单的"零花钱流向表"，记录一周内的所有收入和支出。

"哇！我居然在零食上花了这么多？"小Q惊讶地发现，自己超过一半的零花钱都用来买了即时满足的小零食，"难怪我的鞋子永远买不到！"

"这就是理财的第一步，了解你的钱都去了哪里，"DeepSeek说，"很多人，即使是大人，都不清楚自己的钱花在哪了。"

储蓄魔法：先付给自己

"好了，现在我们来制订'增值计划'，"DeepSeek 建议，"试试'三罐法'，一个罐子用来日常花销，一个用来储蓄，还有一个用来帮助他人。"

小 Q 照做了，决定每次得到零花钱时，先拿出 30% 放入储蓄罐，5% 放入捐赠罐，剩下的才用于日常开支。

"记住这个黄金法则：先付给自己，再花费。大多数人都做反了！"DeepSeek 强调。

迷你创业家：增加收入渠道

"不过，只存钱的话速度太慢了……"小 Q 担心地说。

"那就来点创意增加收入吧！"DeepSeek 鼓励道，"你有什么特长或者可以提供的服务吗？"

经过头脑风暴，小 Q 决定利用自己的绘画天赋，开始为同学设计个性化头像，每个收取少量费用。此外，他还主动承担了家里的一些额外家务，获得了父母的"工资"。

"太棒了！你刚刚解锁了'多元收入'成就，"DeepSeek 赞赏道，"成功的理财高手从不依赖单一收入来源。"

消费智慧：聪明花钱也是门艺术

"想要买东西时，试试'48 小时规则'，"DeepSeek 建议，"看到想买的东西，等待 48 小时再决定。这能帮你区分'想要'和'需要'。"

小 Q 尝试了这个方法，惊讶地发现自己有三分之一的购物冲动在两天后就消失了！

"我刚省下了买甜筒的钱，因为发现家里冰箱有冰激凌！"小 Q 开心地报告。

复利魔术：时间的神奇力量

"存钱最厉害的秘密武器是什么？"DeepSeek 问道。

"呃……意志力？"小 Q 猜测。

"是时间和复利！"DeepSeek 解释道，"就像滚雪球，钱能生钱，时间越长，雪球越大。"

通过一个简单的储蓄游戏，DeepSeek 展示了复利的威力，小 Q 惊叹不已。

三个月后，小Q不仅成功买到了心仪的篮球鞋，储蓄罐里还有结余！

"DeepSeek，我发现理财其实很有趣！"小Q兴奋地说，"我现在不仅会存钱，还知道怎么让钱为我工作！"

"恭喜你晋级为'青少年理财师'！"DeepSeek说，"记住，真正的财富不是拥有多少钱，而是拥有选择的自由和安全感。财商教育是一生的旅程，你已经领先大部分同龄人啦！"

【理财挑战】：

1. 制作你的零花钱流向表，追踪一周的收支。
2. 尝试三罐法，设定储蓄目标。
3. 思考三种适合你年龄的增加收入的方法。
4. 下次购物前使用48小时规则。
5. 把你的理财心得告诉DeepSeek，获取更多个性化建议！

记住：理财不是魔法，而是习惯。小小年纪掌握财商，未来理财路上就能笑到最后！

附 录

DeepSeek 终极玩家攻略

AI 对话黑科技：一句话得到精准回答的魔法

"DeepSeek，我要做一个关于太空的作业。"小 Q 随意地说道。

DeepSeek 回答："太空是个很广阔的主题，你具体想了解什么方面呢？"

小 Q 挠挠头："为什么它不直接告诉我太空知识呢？"

"想象你走进图书馆对管理员说'我想看书'，"DeepSeek 解释道，"他们会问你想看什么类型的书，对吧？与 AI 对话也是一样！今天，我要教你终极对话技巧，让你成为 AI 交流大师！"

为什么 AI 有时"不懂"你？

小 Q 曾经问过这些问题：

- "帮我写点东西"（太模糊）。

- "这个怎么做？"（缺乏上下文）。

- "告诉我所有关于恐龙的知识"（过于宽泛）。

"和朋友说话可以随意，但和 AI 对话需要一点'魔法咒语'，"DeepSeek 解释道，"因为 AI 没有你脑中的背景信息，也不会主动追问太多。"

黄金提问公式：让 AI 秒懂你

DeepSeek 教给小 Q 一个简单的"CCSB 公式"：

- Clear（清晰）：直接说明你想要什么。

- Concrete（具体）：提供具体的细节和范围。

- Specific（明确）：说明目的、格式或难度。

- Background（背景）：提供必要的背景信息。

"这就像给 AI 一张详细的藏宝图，而不是说'去找宝藏'！"DeepSeek 解释道。

提问改造大作战

小 Q 学习了如何改造提问：

✘ 模糊提问："帮我做数学题。"

✔ 改进版："请帮我解这道八年级的二元一次方程：$3x+4y=10$, $2x-5y=7$。请先列出解题步骤，再给出答案。"

✘ 模糊提问："写一个故事。"

✔ 改进版："请写一个 300 字左右的科幻短故事，主角是一个 12 岁的男孩，发现了能与植物交流的能力。故事要有趣味性，适合我在初中课堂上分享。"

"哇！回答精准多了！"小 Q 惊讶地看着改进前后的差异。

终极提问法：角色设定魔法

"想要更有创意的回答？试试'角色设定'技巧！"DeepSeek 建议道。

小 Q 试着问："你是一位经验丰富的科学老师，请用生动有趣的方式向一个 10 岁的孩子解释为什么天空是蓝色的，包含 2~3 个简单的类比。"

"结果超乎想象！"小 Q 兴奋地说，"回答既专业又容易理解！"

专家级技巧：思维链引导

"想要 AI 像专家一样深入思考问题？使用'思维链引导'！"DeepSeek 建议道。

小 Q 尝试："分析为什么保护环境对青少年很重要。请先考虑当前环境问题，然后分析对青少年的直接影响，最后给出青少年可以采取的具体行动。"

"这简直像催眠术，让 AI 的回答更有条理和深度！"小 Q 赞叹道。

场景智能提问卡

DeepSeek 还教给小 Q 不同场景的提问模板：

• 学习助手卡："请解释 [概念]，难度适合 [年级] 学生，包含 [数量] 个例子，并提供一个检验理解的小练习。"

• 创作顾问卡："请以 [风格] 写一篇关于 [主题] 的 [文体]，长度约 [字数]，目标读者是 [受众]，希望传达 [情感 / 信息]。"

• 信息搜索卡："请提供关于 [主题] 的最新 / 基础信息，重点关注 [具体方面]，以 [列表 / 段落] 形式呈现，难度适合 [年龄] 理解。"

小 Q 的提问等级进阶

经过一周的练习，小 Q 从"提问学徒"晋升为"对话大师"！不仅自己提问更精准了，还帮助老师设计了更明确的作业要求。

"最神奇的是，这些技巧也让我和人交流更清晰了！"小 Q 惊喜地发现，"老师说我的问题和表达比以前更有条理！"

你的挑战：提问改造师

DeepSeek 邀请你也成为"提问改造师"：

1. 找出你最近向 AI 提出的三个问题；

2. 使用 CCSB 公式改造它们；

3. 比较改造前后的回答质量；

4. 创建自己的"常用提问模板库"。

"记住,"DeepSeek 总结道,"与 AI 交流就像调音乐一样——调得越精准,音乐越动听。好的提问是打开 AI 宝库的钥匙,掌握这项技能,你就能解锁无限可能!"

小 Q 自豪地说:"现在我不只是 AI 的用户,更是它的指挥家!"

提问魔法口诀:具体 > 模糊,简短 > 冗长,分步 > 一次性,示例 > 纯描述,目的 > 内容。

掌握了这些技巧,你的 AI 体验将提升到一个全新的水平!准备好成为 AI 对话大师了吗?魔法就在你的指尖!

● AI 安全守则:聪明使用不踩雷

"哇! DeepSeek 太神奇了,我想所有事情都问它!"小 Q 激动地说,正准备把自己的家庭住址和学校信息输入对话框。

"等一下!"DeepSeek 立刻提醒道,"和 AI 聊天很有趣,但也需要一些安全规则,就像游泳需要学会安全知识一样。今天,我要教你成为一名'AI 安全高手'!"

为什么要谈安全? AI 又不是坏人

"AI 确实不是坏人,"DeepSeek 解释道,"但就像你不会把家门钥匙随便给陌生人一样,与 AI 互动也需要一些安全意识。这不是因为不信任,而是为了保护你自己。"

个人信息保护:设置你的隐私防火墙

"想象你有一个'信息分享过滤器',"DeepSeek 建议道,"它可以帮你决定什么能说,什么不能说。"

小 Q 学到了"三级信息分类法":

- **红色区域**(绝不分享):完整姓名、家庭住址、电话号码、学校具体名称、密码、家人详细信息。

- **黄色区域**（谨慎分享）：年龄范围、城市大致区域、普通爱好。

- **绿色区域**（可以分享）：学习问题、一般兴趣、没有个人标识的讨论。

"比如，你可以说'我是初二学生'，但不要说'我是XX中学802班的王小明'。"DeepSeek举例道。

真假辨别：火眼金睛看AI回答

"AI有时候也会'编故事'，"DeepSeek诚实地说，"这不是故意的，而是因为它也在学习中。"

小Q学习了"真假辨别三步法"：

1. 问一问：这听起来合理吗？是否有奇怪或极端的说法？

2. 查一查：通过权威网站或书籍交叉验证重要信息。

3. 思考一下：使用你自己的知识和常识进行判断。

"记住，AI是助手不是权威，特别是对于时事、健康建议或专业知识，应多多核实！"DeepSeek提示道。

内容边界：不是所有问题都该问

小Q曾经看到同学问AI一些不合适的问题，感到很困惑。

"就像在现实生活中一样，有些话题是不适合讨论的，"DeepSeek解释道，"包括违法内容、伤害他人的计划、欺骗手段或不适合你年龄的内容。"

DeepSeek教给小Q"THINK原则"，在提问前思考：

- T（True）：这是真实需求吗？

- H（Helpful）：这个问题的回答会有帮助吗？

- I（Inspiring）：这会带来积极影响吗？

- N（Necessary）：这真的有必要问吗？

- K（Kind）：这个问题友善吗？

社交分享：AI 作品的明智使用

"太棒了，DeepSeek 帮我写了一篇超赞的科幻故事！"小 Q 兴奋地想立刻发到班级群。

"等等，"DeepSeek 提醒，"分享 AI 生成内容时，记得说明它是 AI 帮助创作的。诚实是最好的策略，而且可以避免误解。"

小 Q 学习了"分享安全准则"：

- 清楚标注 AI 辅助创作的内容；

- 不把 AI 生成的内容当作自己原创作品提交；

- 谨慎分享包含你或他人信息的 AI 对话；

- 不使用 AI 来冒充他人或创建误导性内容。

数字平衡：不过度依赖

"最重要的一点，"DeepSeek 强调，"AI 是工具，不是替代品。它应该增强你的能力，而不是取代你的思考。"

DeepSeek 提出"20/80 法则"：问题的 20% 可以依靠 AI，但 80% 的思考和判断需要你自己完成。

"如果发现自己每件小事都在问 AI，那就该做个'AI 使用休息日'了！"DeepSeek 建议道。

AI 安全小侦探工具包

小 Q 设计了一个安全检查表，贴在了计算机旁：

- 我没有分享个人敏感信息；

- 我核实了重要事实和信息;

- 我的问题是适当且有教育意义的;

- 我保持独立思考,不盲目接受答案;

- 我明智地分享和使用 AI 内容。

"现在我不只是 AI 用户,更是'安全智能使用者'!"小 Q 自豪地说,"科技越强大,责任越重大!"

"完全正确!"DeepSeek 赞同道,"安全不是限制乐趣,而是确保乐趣能持续下去。智慧使用 AI 的人,才能真正从中获益!"

【安全挑战】:

1. 完成"信息分类练习":列出 10 条信息,判断它们属于红、黄还是绿色区域。

2. 进行"AI 事实检测":找出一条 AI 回答,验证其准确性。

3. 制作你的个人"AI 安全指南"卡片。

4. 与家人分享一条你学到的 AI 安全知识。

5. 完成一周的"有意识 AI 使用"记录。

记住:科技是你的超能力,而安全意识就是你的护身符!

● AI 工具箱 → AI 神器合集:适合青少年的超级工具包

"工欲善其事,必先利其器。有了合适的 AI 工具,你的智慧之旅将事半功倍!"

小 Q 坐在计算机前,屏幕上闪烁着各种五彩缤纷的 AI 应用图标。"哇!这么多神奇的 AI 工具,我该从哪里开始呢?"他抓了抓头发,向他的 AI 助手 DeepSeek 提问。

147

DeepSeek 全能神器库

【基础装备】DeepSeek 主力军

"首先，让我向你介绍 DeepSeek 的两大核心模型，"DeepSeek 回答道，"它们就像是魔法世界的两种咒语。"

• **DeepSeek-V3**：全能型 AI 助手，处理日常问题的得力帮手！无论是写作文、查资料、翻译文章还是闲聊解惑，它都能轻松应对。V3 就像你口袋里的百科全书，随时待命！

• **DeepSeek-R1**：思考型 AI 大师，解决复杂问题的专家！当你面对数学难题、编程挑战或需要深度分析的问题时，R1 能提供清晰的思路和详细的解答步骤。

【装备获取】多平台随时可用

小 Q 惊喜地问："这么厉害的 AI，我该怎么使用呢？"

• **手机 APP**：DeepSeek 官方 APP 同时支持 iOS 和 Android，随时随地提问、拍照识字、上传文档分析，学习路上的随身助手！

• **网页版**：打开浏览器，访问 DeepSeek 官网，不需注册即可开始对话。免费、无广告、国内直连，不用"魔法"就能畅快使用！

• **API 接入**：对于喜欢编程的高级玩家，DeepSeek 提供便宜又好用的 API，可以将 AI 能力整合进自己的小程序或工具中！

> 小 Q 挑战：试着在 DeepSeek 上提问，"请帮我设计一个环保主题的科学小实验，需要在家就能完成。"，看看它会给你什么惊喜！

超级辅助工具集

"除了直接使用 DeepSeek，还有哪些工具可以帮助我更好地利用 AI 呢？"小 Q 继续追问。

• **Cursor 编辑器**：喜欢编程的少年，这是你的福音！它集成了

DeepSeek 的代码编辑器，帮你自动补全代码、解释程序、修复错误，让编程变得超级简单！

• 沉浸式翻译：将 DeepSeek 的 API 接入这个浏览器插件，轻松翻译外语网页、学习材料，英语作业再也不发愁！

• Chatbox：一个开源的 AI 聊天应用，可以配置 DeepSeek 的 API，适合需要长时间对话和保存对话记录的学习场景。

• uTools：效率工具集，配合 DeepSeek 使用，快速查词、翻译、搜索，学习效率飞速提升！

青少年 AI 百宝箱

"除了 DeepSeek，还有哪些适合我们青少年的 AI 工具呢？"小 Q 的眼睛闪闪发光。

• Midjourney/DALL-E：AI 绘画工具，把你脑中的想象变成精美图片，美术作业的秘密武器！

• Suno：AI 音乐创作工具，哼唱一段旋律，AI 就能帮你完成一首歌，当个小小音乐家！

• Runway：视频制作 AI，帮你剪辑视频、添加特效，让课堂演示惊艳全班！

• Quizlet：AI 学习助手，根据课本内容自动生成测验题，复习功课的得力助手！

智慧使用指南

"这些工具太酷了！但我该如何聪明地使用它们呢？"小 Q 认真地问道。

• 保持批判思考：AI 很聪明，但不是万能的。永远用你的大脑去判断 AI 给出的答案是否合理！

• 验证重要信息：特别是事实性知识，最好通过多渠道核实，培养信息甄别能力。

• **合理安排使用时间**：AI 工具很有趣，但别忘了适度使用，留出时间进行体育锻炼和面对面社交。

• **保护个人信息**：使用 AI 时，避免透露个人隐私信息，保护好自己！

> **创意挑战**：尝试将至少两种 AI 工具组合使用！比如，用 DeepSeek 设计一个故事情节，再用 Midjourney 绘制插图，创作你的 AI 童话故事！

"有了这些 AI 神器，我就像拥有了超能力！"小 Q 兴奋地说，"不过最重要的还是我自己的思考能力和创造力，AI 只是我的得力助手！"

DeepSeek 赞同地回应："没错！最强大的工具永远是你的大脑。AI 可以帮你解决问题，但寻找值得解决的问题、创造美好世界的能力，永远属于你们人类！"

记住：AI 工具箱里的每一件神器，都在等待你的创意来激活它的潜能。去探索、去尝试、去创造吧，未来的 AI 大师！

持续进化指南：跟上 AI 飞速发展的秘诀

"等等，DeepSeek 昨天还不能这样啊！"小 Q 惊讶地发现自己最喜欢的 AI 助手又有了新功能，"上个月学会的技巧现在好像已经过时了……"

DeepSeek 笑着回应："欢迎来到 AI 世界的'常态'！技术进步的速度就像坐上了火箭。今天我们来聊聊如何保持'永远在线'的学习状态，成为跟得上 AI 飞速发展的'进化型少年'！"

为什么 AI 发展这么快？未来会怎样？

"想象一下，"DeepSeek 解释道，"普通技术可能需要几年才能有明显进步，但 AI 可能几个月甚至几周就会有重大突破！"

小 Q 惊讶地问："那我刚学会的知识岂不是很快就会过时？"

"不完全是！"DeepSeek 说，"关键是掌握'元学习'能力——学习如何学习的能力。这比任何具体知识都更重要，因为它让你能够快速适应任何新技术。"

永远保持新手心态

DeepSeek 分享了"技术冲浪者"的三大秘诀：

1. **保持好奇心**：把每个问题都当作探险。

2. **拥抱变化**：视变化为机会而非威胁。

3. **适度焦虑**：不恐惧新技术，但保持足够警觉。

"有些同学一学到新东西就觉得'我全都懂了'。"小 Q 笑着说。

"那是'知识的错觉'，"DeepSeek 解释道，"真正的高手永远保持'初学者心态'，不断质疑和更新自己的知识。"

打造你的'技术雷达'

小 Q 问："但技术发展这么快，我怎么知道该关注什么？"

"建立你的'技术雷达'！"DeepSeek 建议道，"就像游戏中的小地图，帮你发现重要信息。"

DeepSeek 帮小 Q 设计了个人"AI 学习雷达"：

- **核心圈**：基础 AI 知识和概念（必须掌握）。

- **中间圈**：当前流行的 AI 应用和技能（应该了解）。

- **外围圈**：前沿研究和新兴技术（值得关注）。

"每月花 1 小时更新你的'技术雷达'，你就不会错过重要发展！"DeepSeek 提示道。

学习超能力：如何高效掌握新技术

DeepSeek 分享了"快速学习四部曲"：

1. **实践先行**：先用起来，边用边学；

2. **问题驱动**：带着具体问题学习，而不是漫无目的；

3. **教别人**：想真正掌握，就教给他人；

4. **连接知识**：把新知识与已有知识联系起来。

"我尝试教我弟弟用 DeepSeek，结果发现自己理解更深了！"小 Q 惊喜地说。

"没错！研究表明，教别人是最有效的学习方法之一，"DeepSeek 肯定道，"这叫'费曼学习法'。"

比 AI 更有优势：培养不可替代的能力

"随着 AI 越来越强大，我们应该培养哪些 AI 难以替代的能力？"小 Q 若有所思地问。

DeepSeek 列出了"未来必备人类优势清单"：

- 创造性思维：提出新想法和解决方案。

- 社交智能：理解和影响他人情感。

- 批判性思考：分析信息并做出判断。

- 跨学科连接：在不同领域间建立联系。

- 适应能力：面对新情况快速调整。

"记住，永远不要只做 AI 能做的事情，"DeepSeek 建议道，"要做 AI 做不了或不擅长的事。"

"AI 学习守则"：跟上发展的日常习惯

小 Q 总结了自己的"AI 学习守则"：

- 每周尝试一个新 AI 功能或应用；

- 每月阅读一篇关于 AI 发展的文章；

- 每季度完成一个利用 AI 的小项目；

- 定期与朋友分享和讨论新发现；

- 建立"疑问笔记本"，记录所有不懂的问题。

"这些小习惯积累起来，就是持续进化的秘诀！"小 Q 自豪地说。

创建你的个人学习系统

"最后，建立你自己的'知识花园'，"DeepSeek 建议道，"不只是被动接收信息，而是主动整理和连接知识。"

DeepSeek 帮小 Q 设计了一个简单的个人学习系统：

- 用笔记应用收集有趣的 AI 新闻和想法；

- 创建"AI 词汇表"，记录新概念和术语；

- 保存有用的提示词（Prompt）和技巧；

- 记录学习历程和突破性时刻。

"技术在变，但学习的本质不变，"DeepSeek 总结道，"最重要的是保持开放的心态和持续学习的习惯。这样无论 AI 如何发展，你都能跟上它的脚步！"

小 Q 笑着说："看来'持续进化'才是终极技能！"

【进化挑战】：

1. 创建你的"AI 技术雷达"，标出你想学习的领域。
2. 设计一个 30 天"AI 探索计划"。
3. 找一个朋友，互相教对方一个 AI 技巧。
4. 开始记录你的"AI 学习日记"。
5. 预测未来一年可能出现的三项 AI 新功能。

记住： 在技术快速变化的世界里，最好的策略不是知道所有答案，而是知道如何找到答案！未来属于终身学习者！

【家长必读】如何帮助孩子：成为懂AI的酷家长

"爸爸，DeepSeek好酷啊！它能帮我写故事、解数学题，还会……"

"等等，这是什么奇怪的网站？安全吗？不会上瘾吧？真的对学习有帮助吗？"

小Q叹了口气。为什么每次谈到AI，父母就变得像"考古学家遇到外星科技"一样困惑？

"我有个主意！"小Q跟DeepSeek商量，"让我们一起写一份'酷家长指南'，帮助更多父母理解AI！"

家长初体验：AI到底是什么？

亲爱的家长们，别担心！AI不是科幻电影中会统治世界的机器人。简单来说，DeepSeek就像一个超级聪明的助手，通过大量阅读和学习，能够回答问题、创作内容或帮助解决问题。

它就像一位百科全书式的家教，只是存在于计算机或手机里！

为什么孩子需要了解AI？

小Q的妈妈曾问："为什么孩子现在就要接触AI？"

答案很简单：因为这是他们的未来。AI已经开始出现在教育、工作和日常生活中。就像您小时候学习使用计算器和计算机一样，今天的孩子需要学习如何有效地与AI合作。

研究表明，合理使用AI工具的学生在问题解决能力、信息分析和创造性思维方面都有显著提升！

家长最担心什么？我们有答案！

小Q总结了家长们的三大疑虑：

1."AI 会让孩子变懒吗？"

不会，如果正确引导！AI 应该被用作学习工具，而非替代思考。建议：让孩子先自己尝试，然后再用 AI 检查或拓展思路。

2."安全吗？会有不适当内容吗？"

大多数教育用 AI 有保护措施。建议：与孩子一起制定使用规则，偶尔检查对话内容，并教导信息辨别能力。

3."孩子会过度依赖吗？"

关键在于平衡！建议：设定合理的使用时间，强调 AI 是辅助工具，定期进行无科技活动。

酷家长行动指南：5 个超实用技巧

1. **共同探索**：别害怕尝试！每周安排 15 分钟 "AI 家庭时间"，让孩子当老师教您使用 AI。

2. **提问引导**：当孩子展示 AI 成果时，不要简单评价好坏，而是提问，"你是如何让 AI 生成这个的？""你学到了什么新知识？"

3. **设立界限**：制定明确的 "AI 家庭使用公约"，包括使用时间、内容范围和隐私规则。

4. **鼓励批判思考**：经常问孩子，"你认为这个 AI 回答准确吗？""有什么可以改进的地方？"

5. **创造而非消费**：鼓励孩子用 AI 创造内容（故事、艺术、项目）而非仅被动接收信息。

亲子 AI 活动：周末就试试这些！

小 Q 和爸爸最喜欢的活动是 "AI 辩论赛"——提出一个有趣的问题（如 "比萨上应该放菠萝吗？"），然后让 DeepSeek 提供双方论点，全家讨论并评判最有说服力的观点。

其他有趣活动：

- 一起创作家庭冒险故事；
- 规划完美的家庭旅行；
- 完成家庭环保挑战；
- 学习一项新技能或爱好。

家长也需要的 AI 词汇表

孩子说 prompt 时不是在提示您做什么！这里有些基本术语：

- 提示词 (Prompt)：给 AI 的指令或问题。
- 生成式 AI：能创造新内容的 AI。
- 大语言模型：像 DeepSeek 这样能理解和生成语言的 AI 系统。
- 微调 (Fine-tuning)：让 AI 更擅长特定任务的过程。

平衡的智慧：既不恐惧也不盲从

"最酷的家长不是最会用 AI 的，而是能帮助孩子明智使用 AI 的！"小 Q 总结道。

记住：目标是培养具有数字素养的下一代，他们既能利用技术优势，又保持批判思考和创造力。

亲子 AI 成长协议

小 Q 和父母共同制定了这份协议：

- 孩子：负责任地使用，分享学习发现。
- 父母：保持开放心态，参与孩子的 AI 探索。
- 共同：定期讨论体验，一起学习新知识。

"终于把 AI 说明白了！"小 Q 看着爸爸成功用 DeepSeek 规划了家庭旅行，笑着说。

"没想到这么有用，"爸爸承认，"我只担心一件事……"

"什么？"小 Q 疑惑地问。

"你以后不会嫌我这个'人工智能'太差了吧？"爸爸开玩笑道。

"放心，"小 Q 笑道，"最酷的人工智能也比不上最酷的爸妈！"

【家长挑战】：

　　这周末，请和孩子一起完成一个 AI 小项目，体验数字时代的亲子连接！记住，您不需要成为技术专家，只需要成为孩子学习旅程中好奇、开放的同伴！